세상에서 유일하게 공평한 것은 '왕후장상을 가리지 않고 누구에게나 찾아오는 죽음'이랍니다. 생명체는 탄생과 성장과 노화를 거치면서 인생의 흐름을 경험하고는 자신이 누렸던 삶과 환경을 후손들에게 물려주고 죽음을 맞이하며 생명의 환(環)을 닫게 됩니다. 자신이 선대의 삶을 그렇게 물려받았듯이 순환의 고리는 세대를 이어주며 끊임없이 돌아갑니다. 드넓은 우주에 늘 아름답게 별이 반짝이는 것은 하나의 별이 영원히 그 자리를 지키기 때문이 아니라, 끊임없이 별이 지고 나기 때문입니다. 그래서 오늘밤의 하늘도 어젯밤과 변함없이 별빛으로 반짝이긴 하지만, 늘 우린 새로운 하늘을 볼 수 있는 것이죠.

하리하라의

생물학 카페

하리하라의

생물학 카페

Biology Cafe

이은희 지음

신화에서 발견한

36가지 생물학 이야기

궁리
KungRee

육교 위의 네모난 상자 속에서
나와 만난 노란 병아리 알리는
처음처럼 다시 그 상자 속으로 들어가
우리집 앞뜰에 묻혔다
나는 내게 처음 죽음을 가르쳐준
천구백칠십사년의 봄을 아직 기억한다
—신해철의 〈날아라, 병아리〉 중에서

어렸을 때, 집안이 무척 어려웠던 시기가 있었습니다. 그런 때일수록 어린아이들은 무언가에 애착을 가지는 법. 학교 앞에서 사온 1백 원짜리 병아리 세 마리가 아이에게 주는 정신적 안정은 상당했습니다. 어린아이의 작은 손 위에도 거뜬히 올라가는 노란 병아리. 병아리의 여린 부리가 손바닥 위의 모이를 먹기 위해 톡톡 건드리는 느낌은 간지럽고 미묘해서 오랫동안 기억에 남았습니다.

다행히 병아리는 별탈 없이 잘 자라주었습니다. 이제 더 이상 방안에서 기를 수 없을 정도로 커버린 닭들을 사과 상자로 얼기설기 만든 우리에 넣어 좁은 뒤란으로 보냈습니다. 부쩍 먹성이 좋아진 녀석들을 위해 학교 수업이 끝난 뒤 시장에 들러 난전에 떨어진 배춧잎을 주워오는 것도 싫지 않았습니다. 그러던 어느 날, 우리에 가까이 가면 늘 시끄럽

게 떠들던 녀석들이 유난히 조용했습니다. 아직 자고 있나 싶어서 열어본 우리 속의 녀석들은 영원히 잠들어 있었죠. 까만 두 눈은 꼭 감겨 있었고, 도둑고양이나 쥐가 물어뜯은 듯 목에는 핏자국과 함께 선명한 이빨자국이 남아 있었습니다. 생명이 빠져나간 육신이 그토록 차갑고 뻣뻣해질 수 있는지를 그때 처음 알았습니다.

그후로 나이를 먹어가면서 여러 번 죽음을 목격했습니다. 병 또는 사고로 돌아가신 친척들, 해수욕장에서 목격했던 익사한 시체, 병원 응급실에서 내 옆의 환자가 사망했던 일……. 그리고 대학원 재학 시절에는 동물해부학 조교를 했던 터라 내 손으로 직접 죽인 동물들도 참 많았습니다. 그러나 그렇게 많은 죽음을 목도하고도, 여전히 내게 '죽음'이란 인상으로 강력하게 남아 있는 것은 어렸을 때의 그 병아리의 뻣뻣해진 몸입니다. (전 그 이후로 다시는 동물을 키우지 않습니다.)

생명이 있는 것은 언젠가는 모두 죽음을 맞이하게 된다는 것은 변치 않는 진리입니다. 제가 생물학을 선택한 이유 중의 하나도 '죽음'에 대한 강렬한 느낌 때문이었습니다. 내가 기억하는 한 난 언제나 이 세상에

존재하는데, 언젠가 나의 숨이 끊기고 피가 멎어서 내가 존재하지 않는 시기가 오리라는 것을 상상할 수조차 없었기 때문입니다. 생물학을 공부하면 조금 더 알 수 있지 않을까 하고 시작한 이 길에 그만 푹 빠지고 말았네요.

단순히 생물학을 좋아하는 어린아이에서 생물학을 전문적으로 공부하는 사람이 되기까지 이것저것 여러 가지들을 알아나가는 과정에서 재미를 느꼈고, 계속해서 이쪽 일을 하고는 있지만, 아직도 전 어릴 적에 품었던 그 강렬한 느낌의 의미를 알지 못합니다. 아마도 그건 제가 일생을 두고두고 계속해서 알아봐야 하는 평생의 숙제라고 생각합니다.

생물학은—시작한 후에야 깨달았지만—매우 느린 학문입니다. 요즘 생명과학이 발전하는 속도가 놀라울 정도로 빠르지 않냐구요? 그건 생물학의 연구 속도가 빨라졌다기보다는 그만큼 생물학 공부를 하는 사람이 많아져서라고 할 수 있답니다. 모차르트는 세 살 때 피아노를 쳤고, 파스칼은 열여섯 살에 대학 교수가 되었다지요. 하지만, 생물학은 구조적으로 천재가 나올 수 없는 분야입니다. 연구하는 대상 자체가 끊

임없이 움직이고 변하고 태어나고 죽는 존재이기 때문에, 수학이나 물리학에서와 같이 완전무결하고 아름답기조차 한 이론이 통하지를 않습니다. 수없이 변화하는 현상들을 관찰하고 실험하고 정리해서 하나의 패턴을 읽어내는 것이 이 분야의 연구 특징입니다. 때문에 수없이 많은 똑같은 실험들을 반복해야 하고, 아주 소소한 일들을 끊임없이 되풀이해야 합니다.

전 제가 가야 할 길이 엄청나게 지루하고 사소한 실험들의 반복이라는 사실을 대학원에 가서야 깨달았습니다. 어릴 적, 꿈에 그리던 하얀 가운을 입고 외과용 고무 장갑을 끼고 실험 벤치에 앉아서 우아하게(?) 시험관에 든 약물을 섞고 있는 모습은 말 그대로 꿈이었던 것입니다. 온갖 화학약품과 염색제가 묻어 꼬질꼬질해진 가운을 걸치고, 피부에 흡수되면 뇌에 손상을 일으킬 수 있는 약물이나 가이거 카운터(방사능을 측정하는 기계)가 미친 듯이 삐삑거리며 경고음을 내는 방사능 동위원소를 밥먹듯이 만지면서, 하루에도 피펫을 수천 번씩 사용해 손목 인대에 염증이 생겨서 비만 오면 쿡쿡 쑤시는 모습이 현실이었던 거죠.

생각했던 것과는 많이 다르지만, 전 이 일을 하면서 참 많은 것을 배우고 그 속에서 재미를 느꼈습니다. 살아 있다는 것, 살아 있음을 가능하게 해주는 모든 것의 유기적인 연결고리를 알아나가는 것이 재미있음을 알았던 거죠. 비록 그 관계를 밝혀나가는 과정은 힘들고 지루하긴 해도, 그렇게 힘을 들여 무언가를 알아낼 때의 그 희열을 맛봤기 때문에 이 길을 벗어나긴 힘들 것 같습니다. 평소에 내가 알고 있는 것들, 앞으로 알아갈 것들, 그 속에서 느꼈던 재미와 호기심을 사람들에게 나눠주고 싶다는 생각을 늘 갖고 있었습니다. 어렸을 때부터 글쓰기를 좋아했고, 대학 때는 교내 신문사 활동도 했던 터라 글쓰는 것에는 익숙했기에 글로 제가 느낀 것들을 사람들에게 알려주고 싶었습니다. 그래서 시작한 것이 인터넷 칼럼 〈GATACA에서 살아갈 날들을 위해〉[H] 입니다.

처음에는 단순히 잡기장 수준의 끄적거림으로 시작한 칼럼을 3년이나 끌어올 줄은 저도 예상하지 못했습니다. 취미 활동으로 시작했던 칼럼으로 인해 많은 사람들을 만나게 되었고, 결국에는 이렇게 책으로까

http://column.daum.net/Column-bin/Bbs.cgi/gataca/qry/qqatt/^

지 엮어내게 되었네요. 우연히 기르기 시작한 한 마리의 나비가 제게 이런 결과를 가져다 줄 것이라고는 처음에는 전혀 생각하지 못했었습니다. 아직 경험이 적어 많이 부족하지만, 생물학을 배워나가는 생물학도의 입장에서 알아가는 기쁨을 다른 사람과 공유할 수 있게 되고, 누군가가 내 글을 읽고 그에 공감하고 다시 한 번 주변의 현상들을 살펴봐준다면, 그것으로 이 책의 의미는 충분하다고 생각합니다. 그리고 이제 제게 또 하나의 숙제가 생겼습니다. 좀더 경험을 쌓고, 더 많이 공부해서 제 글에 무게와 깊이를 실어주는 것이죠.

궁리출판과 연락이 닿아 책으로 엮는 것이 가시화되면서 칼럼을 그대로 책으로 만들기에는 아무래도 어렵다는 생각이 들었습니다. 인터넷 게시판에서 시작했던 만큼 '통신 용어'가 많았고, 스크롤바 몇 번 돌리면 될 정도로 짧은 글들이 대부분이었기 때문이죠. 따라서, 이 글들을 정리해 책으로 엮으면서 대폭적인 수정이 필요했습니다. 내용을 보

나비 효과(butterfly effect):북경에서 나비의 날갯짓이 샌프란시스코의 허리케인이 된다. 즉, 작은 입력값이 증폭되어 커다란 출력값으로 나타날 때, 작은 시작이 엄청난 결과를 가져올 때 쓰이는 말.

10

강해서 거의 다시 쓰다시피하니 결국에는 금방 끝날 것 같았던 작업이 6개월이 넘게 걸렸죠. 그리고, 인터넷 칼럼과 차별화하기 위해 궁리한 끝에 '신화와 접목된 생물학 이야기'를 쓰기로 결정했습니다.

전 어렸을 때부터 환상적인 이야기를 좋아했습니다. 막 글을 깨치기 시작해서는 동화와 민담들을, 조금 나이가 들어서는 신화와 판타지를, 그 이후에는 SF를 탐독했죠. 그중에서도 전 신화를 가장 좋아합니다. 제 아이디이자 필명인 hari-hara 역시 인도 신화에서 따왔을 정도로요. 글은 쓰는 사람이 즐거워야 읽는 사람도 재미있게 읽을 수 있다는 게 제 지론이기 때문에, 제가 좋아하는 신화와 생물학, 두 가지를 연관시켜보고 싶었습니다. 거기에 자칫 딱딱하게 흐르기 쉬운 과학적인 이야기에 재미있는 신화가 잘 어울릴 수 있으리라 생각했거든요. 덕분에 기억 속에 아물거렸던 신화를 다시 읽는 재미도 쏠쏠했던 건 작은 덤이라고 해야 할까요?

이젠 쑥스럽지만 감사하다는 인사를 해야겠네요. 제 책이 나올 수 있도록 힘써주신 궁리출판의 김현숙 님, 그리고 다른 궁리출판 식구들

에게 감사드리구요. 일러스트와 제 캐릭터를 그려주고 책의 일부 내용을 제공해준 류기정 님에게도 감사를 전합니다. 또한, 책을 만든다는 말에 자신의 일처럼 기뻐해주신 교수님과 옛 직장 동료들, 친구들, 무엇보다도 제가 가장 사랑하는 저의 부모님과 하나뿐인 동생에게 작으나마 제 마음을 담아 이 책을 선물하고 싶군요. 그리고, 마지막으로 제 칼럼 〈GATACA에서 살아갈 날들을 위해〉를 사랑해주신 칼럼 가족 여러분, 특히 박재성 님에게 감사를 전합니다.

2002년 7월

연구실에서 hari-hara가

차례

1장 생명의 탄생과 노화

우리에게 생명을 주는 그 시간은, 그 생명을 빼앗기 시작한다.

- 세네카

세상에서 유일하게 공평한 것은 '왕후장상을 가리지 않고 누구에게나 찾아오는 죽음' 이랍니다. 생명체는 탄생과 성장과 노화를 거치면서 인생의 흐름을 경험하고는 자신이 누렸던 삶과 환경을 후손들에게 물려주고 죽음을 맞이하며 생명의 환(環)을 닫게 됩니다. 자신이 선대의 삶을 그렇게 물려받았듯 이 순환의 고리는 세대를 이어주며 끊임없이 돌아갑니다. 드넓은 우주에 늘 아름답게 별이 반짝이는 것은 하나의 별이 영원히 그 자리를 지키기 때문이 아니라, 끊임없이 별이 지고 나기 때문입니다. 그래서 오늘밤의 하늘도 어젯밤과 변함없이 별빛으로 반짝이긴 하지만, 늘 우린 새로운 하늘을 볼 수 있는 것이죠.

프로메테우스가 만든 인간에게 생명을 불어넣는 아테나 여신

태초에 세상은 막막한 카오스 상태였는데, 이는 생명이 없는 퇴적물, 사물로 굳어지지 못한 모든 요소가 구획도 없이 밀치락달치락하고 있는 상태를 의미했지. 이런 혼돈에 종지부를 찍은 것은 자연이라는 신이었어. 신에 다름아닌 이 자연은 하늘로부터는 땅을, 땅으로부터는 물을, 끈적한 대기로부터는 맑은 하늘을 떼어놓았어. 자연은 이들을 떼어내 서로 다른 자리를 주어 평화와 우애를 누리게 했지. 이렇듯이 모든 것들이 제자리를 잡자, 세상은 만들어졌어.

빈 곳이 있으면 거기에 사는 것이 있어야 마땅한 법이겠지. 그래서 신들과 별들이 천상에 자리를 잡고, 물은 아름다운 비늘을 번쩍거리는 물고기들의 거처가 되었으며, 대지는 짐승들의 몫으로 돌아갔어. 흐르는 대기는 새들을 새 식구로 맞아들였어. 그러나 이 짐승들보다는 신들에 가까우면서 지성을 갖추고 다른 생물을 지배할 만한 존재는 아직 없었어.

인류가 창조된 것은 아마 이즈음이었을 거야. 프로메테우스(먼저 생각하는 자)가 보이오티아의 파노페이아에서 발견한 진흙으로 인간을 만들었지. 손재주가 뛰어난 그가 진흙으로 인간의 모습을 빚고, 지혜의 아테나 여신이 여기에 생명을 불어넣자 비로소 인간이 탄생했단다.

정자와 난자의 만남

생명은 때로는 깊고 깊은 바닷속 해초 줄기 사이에서도, 저 높은 산꼭대기의 나무둥지에서도, 한 가닥의 빛조차 들지 않는 어두운 동굴 속에서도 탄생하곤 합니다. 그렇다면 우리 인간은 과연 어디서 왔을까요?

공간적으로는 당연히 엄마 뱃속이 기원입니다. 인간 역시 포유류의 일종이기에 암컷(여성)의 자궁을 빌어야만 수태와 생명의 발생이 가능합니다. 인간은 누구나 엄마의 난자와 아빠의 정자가 만나 수정되어, 엄마의 자궁에서 열 달, 약 280일, 40주 정도를 지내다가 태어나게 되지요. 그러나 늘상 여기저기서 일어나는 일이지만 이 과정 뒤에는 엄청난 희생과 치열한 경쟁이 도사리고 있습니다. 특히 포유류처럼 어느 한쪽 성(性)이 임신과 출산과 육아를 전담하는 불공평한 구조에서는 이 과정은 거의 필사적인 사투를 방불케 합니다.

먼저 물고기의 경우를 볼까요? 물고기들은 체외 수정을 하기 때문에 암컷이든 수컷이든 정자와 난자를 셀 수 없이 많이 낳아서 그저 흩뿌립니다. 그리고 떠나버리면 그뿐. 가시고기 등 부모가 새끼를 돌보는 몇몇 종을 제외하곤 그것으로 부모의 도리는 끝이 납니다. 냉혹한 자연의 법칙 속에서 살아남으면 다행이고, 잡아먹혀도 어쩔 수 없다는 듯, 그들이 새끼들을 위해 해주는 것이라곤 좀더 알을 많이 낳아 천적에게 잡아먹힐 확률을 조금 낮춰주는 것뿐입니다.[H]

그러나, 물 속에만 존재하던 동물이 육지로 올라와 체내 수정을 하게 되면 문제는 좀 달라집니다. 이제부터는 수컷과 암컷의 생존 방식이 극명하게 달라지거든요. 암컷이든 수컷이든 자신의 유전자를 후세에게 딱 1/2씩 전해 줄 수 있는 것은 똑같습니다만,

> 물고기들이 낳는 알의 수는 상상을 초월합니다. 가시고기(30~300개)와 은어(1,000개)는 적은 편이지만, 연어는 2,000~7,000개, 넙치는 14~40만 개, 삼치는 130만 개 정도의 어마어마한 수의 알을 낳습니다. 역시 이 분야의 챔피언은 개복치입니다. 암컷 한 마리가 약 3억 개(!)의 알을 낳거든요.

그에 따라 치러야 하는 대가 면에서는 큰 차이가 납니다. 특히 인간을 포함한 포유류의 경우 수컷은 정자만 만들어서 난자와 수정만 시키면 되지만, 암컷은 그 이후의 오랜 임신 기간을 견뎌야 하고, 출산의 고통을 감내해야 하며, 태어난 새끼가 제 앞가림을 할 수 있을 만큼 자랄 때까지 수유와 육아를 담당해야 합니다. 수컷과 똑같이 자신의 유전자의 1/2만을 남기는 대가로 이건 너무 불공평해요!

대신 암컷은 수정에서 육아까지 수많은 단계에서 새끼의 도태와 생존에 대한 선택권을 가지고 있습니다. 때때로 고귀해 보이기조차 하는 숭고한 모성이란 자신의 유전자가 충실히 전해질 수 있는 개체를 지키려는 이기적인 유전자의 발로로 해석될 여지도 충분하죠.

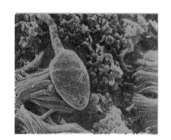

정자의 확대도　　　　　　　난자의 단면도　　　　　　정자와 난자의 수정 순간

　　그럼 인간의 경우는 어떨까요?

　　인간도 여타의 포유류들과 다를 것이 별로 없습니다. 우선 남성의 경우를 볼까요? 남성은 1회 사정시 정액 속에 1~3억 개의 정자(요즘은 환경 호르몬 등의 영향으로 많이 줄었다고 합니다만)를 배출합니다. 보통 한 번에 2~4cc 정도가 배출되므로, 계산해 보면 1cc당 4,000만 마리 이상은 있는 셈이지요. 일단 이 숫자를 만족시키고, 그 중에서 50% 이상이 정상이면(정자는 워낙 많은 수가 한꺼번에 만들어지기 때문인지, 기형이거나 운동성이 없는 것들이 꽤 많이 있답니다) 건강하다는 진단을 내립니다. 거꾸로 말해서 정자수가 이 수치보다 적거나 50% 이상이 기형이면 생식 능력이 떨어지고, 나아가서 불임의 원인이 될 수 있습니다. 실제 병원을 찾는 불임 부부 중에서 남편에게 문제가 있는 경우가 20%, 양자에게 모두 이상이 있는 경우가 40% 정도를 차지합니다.

　　반면 여성의 경우에는 별 이상이 없는 한 한 달에 한 개의 난자만을 배출합니다. 여성은 자궁을 중심으로 양쪽에 두 개의 난소를 가지고 있는데, 한 달에 한 번씩 각 난소에서 번갈아가며 난자를 배출합니다. 여기서 남성과의 차이는, 여성은 평생 동안 배출할 난자를 가지고 태어나며, 단지 미성숙한 난자를 성숙시켜서 내보내는 것일 뿐, 새로이 만들지는 않는다는 것입니다.

남성의 경우, 직접 아이를 낳는 것이 아니기 때문에 자신의 유전자가 후대로 이어지는지를 확실히 알 수가 없습니다. 따라서 그들이 선택한 전략은 생식세포를 엄청나게 많이 만들어 그 중에서 하나라도 걸리길 바라는 심정으로 도박을 하는 것입니다. 마치 일등 복권 당첨을 위해 판매소의 복권을 몽땅 사버리는 것처럼요. 그러나 여성은 일단 수정이 성공하면 나머지 유전자의 반쪽이 누구 것이든 간에, 뱃속에 든 아이의 절반은 분명히 자신에게서 유래됐다는 것을 확실히 알 수 있습니다. 즉 그들은 이미 복권 당첨 번호를 알고 시작하는 것이죠.

자, 그럼 한 인간을 만들어볼까요? 출발선에는 수많은 정자들이 난자와 만나서 수정을 통해 진짜 인간으로 태어나기 위해 몸을 풀고 출발할 준비를 하고 있습니다. 긴장되는 순간, 그렇다면 '탕' 하고 출발 신호가 울리면 모든 정자들이 한꺼번에 난자에게 돌진하는 걸까요? 그럼 최소한 1억 마리가 한꺼번에 난자에 달려드는 셈이네요. 인기가 많은 것도 좋지만, 이 정도가 되면 골치 좀 아프겠는데요? 그러나 수억에 달하는 정자 중에서 정작 난자 주변에 가까이 도달하는 건 겨우 수십 마리뿐입니다. 대부분의 경우, 질과 자궁 입구에서 분비되는 점액의 산도(酸度)를 이기지 못하고 죽어버립니다만, 그것을 감안하더라도 1억 마리는 어마어마한 숫자입니다. 이들은 도대체 왜 이렇게 많이 만들어지는 걸까요?

좀더 거슬러 올라가보죠. 우리가 아직 '숲속의 인간' 이던 시절,

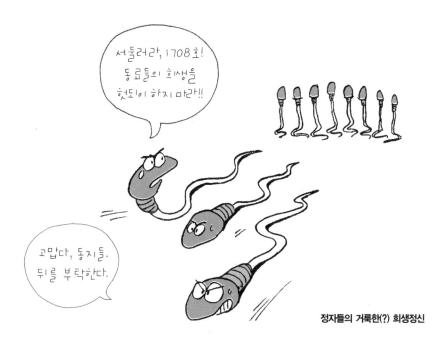

정자들의 거룩한(?) 희생정신

발정기를 맞은 암컷을 수컷들은 가만히 내버려두지 않았을 겁니다. 발정기에만 교미가 가능한 경우, 수컷들은 단시간 내에 가능한 한 많은 암컷과 관계를 맺으려 할 테고, 암컷의 몸 속에 여러 마리의 정자가 섞일 수도 있었을 테죠. 이때, 정자들은 눈물겨운 동족애를 보여준답니다. 정자의 머리 부분에는 첨체(acrosome)라는 주머니가 있는데, 이 속에는 단백질을 녹일 수 있는 효소들이 들어 있습니다. 원래 첨체는 난자를 만났을 때 두꺼운 난막을 녹이고 내부로 침입할 때 필요한 것이죠. 그러나 많은 수의 정자들이 이 기능을 다른 정자를 죽이는 데 사용합니다. 실제로 서로 다른 두 사람의 정자를 섞어놓으면 상당수의 정자들이 상대 정자를 공격해 구멍을 뚫어 죽여버리거든요. 이런 기능을 하는 정자를 살상 정자(killing sperm)라고 하는데, 이는 과거 난교를 하던 버릇에서 생겨난 수컷의 생존 전략입니다. 물론 살상 정자는 수정에 참여하지 못하고 죽어갑니다. 난막을 뚫고 들어갈 기능을 소비해버렸으니까요. 즉 이들은 자신의 몸을 던져 적군을 죽이고 동료들에게 수정할 수 있는 기회를 넘겨주며 장렬히 전사하는 것이죠. 비정상적인 정자들의 경우에도 임무는 있습니다. 곤충의 경우, 머리가 둘 혹은 꼬리가 여러 개이거나 운동성이 없는 정자들은 그들끼리 뭉쳐서 암컷의 질 입구에 일종의 마개(교미마개)를 형성하여 다른 정자의 침입을 막습니다.

이렇게 든든한 동료들의 비호를 받으며 수정 능력을 담당하는 정자들은 열심히 헤엄쳐 난자 주위에 빽빽히 달라붙습니다. 난자의 난막에는 ZP3(Zona Pellucida 3)라는 층이 있어서 정자와 결합하게 되는데, 여기에 너무 힘껏 결합해버리면 오히려 안으로 들어갈 수 없게 되기에, 성급한 정자들은 눈앞에 목표물을 보고도 목적을 이루지 못할 수도 있습니다. 그래서 결국은 튼튼하고 빠르고 머리도 좋은 정자만이 내부로 침입해 소기의 목적을 달성한답니다. 이 운좋은 정자 하나가 난자의 내부로 성공적으로 들어간 순간, 순식간에(1초 이내) 난막에 전기반응이 일어나 나머지 정자는 가을 낙엽이 지듯 우수수 떨어집니다. 충격에서 간신히 벗어난 나머지 정자들이 다시 난자에 다가간 순간, 그들은 절망합니다. 난자의 막이 굳어지면서[주] 이제는 더 이상 다른 정자들의 접근을 아예 차단하고, 난자는 수정란으로 다시 태어난답니다.

자, 여기까지가 정자가 헤쳐온 험난한 세월이었습니다. 우리는 주

> [주] 수정막 형성 및 투명대 반응으로 난자는 이제는 더 이상 정자의 힘으로는 뚫고 들어갈 수 없을 정도로 단단하게 굳어져 버립니다.

로 이 과정만을 크게 주목하여 '몇억 대 1'의 경쟁률을 뚫고 살아났다고들 합니다. 그것은 정자 안에 생명이 존재하고 있다는 구시대적인 사고방식 에서 나온 착각이죠. 정자는 그저 우리 몸에 존재하는 세포, 즉 좀 잃어버려도 아깝지 않고 그다지 문제

> 인간 원형이 남성의 정자 속에 있다고 믿는 정자론자(Spermist)들은 사람의 정자 안에 작은 인간의 씨앗이 들어 있다고 주장했죠. 이것은 인간의 원형이 그대로 생식세포 안에 존재한다는 전성설(Preformation)을 지지하는 것으로, 이 이론은 인형 안에 들어갈 수 있는 인형의 수는 제한되어 있다는 러시아 인형 패러독스(Paradox of Russian Doll)로 반박되었습니다.

될 것도 없는 세포입니다. 진짜 생존 경쟁은 이제부터입니다. 정자와 난자가 만나서 수정란을 이룬 후, 이제부터 이 자그마한 '인간'은 자연적, 사회적, 문화적으로 장치해놓은 온갖 장애물을 뛰어넘고 살아남아야 하 는 진짜 생존 경쟁에 뛰어든 거죠.

관련 사이트

발생학 기초 노트 http://biology.yonsei.ac.kr/dev/lecture.htm

전성설과 후성설 http://home.donga.ac.kr/~cnchung/course/develop/short-history.htm

어류의 생활상 http://home.dreamx.net/kas90

동물의 짝짓기 http://user.chollian.net/~bbi/sci005.htm

어머니의 손에 죽음을 맞은
영웅 멜레아그로스

어머니 살려주세요, 멜레아그로스의 죽음

멜레아그로스가 태어났을 때, 운명의 세 여신 모이라이가 그의 운명을 예견한 적이 있었어. 그중 두 여신은 아기의 용기와 영광을 예언했으나, 세 번째 여신은 난로의 장작이 모두 타는 것과 동시에 그도 죽을 것이라고 예언했어. 어머니 알타이아는 그 이야기를 듣고 장작을 꺼내 불을 끄고 소중하게 보관했지.

그로부터 20여 년 뒤, 칼리돈에 사납고 커다란 멧돼지가 나타나 많은 사람들을 죽였어. 사람들이 모두 두려워하던 차에, 처녀 사냥꾼 아탈란테가 활을 쏘아 멧돼지에게 상처를 입히자 사람들은 용기를 얻었고, 결국 멜레아그로스가 멧돼지를 죽여 그 가죽을 상으로 받았어.

멜레아그로스는 아탈란테를 사랑하고 있었기 때문에 그녀에게 멧돼지 가죽을 주려 했지. 이에 샘이 난 멜레아그로스의 외삼촌들이 훼방을 놓으며 아탈란테를 모욕했어. 그러자 화가 난 멜레아그로스가 외삼촌들과 싸움을 한 끝에 그들을 죽이고 말았지.

멜레아그로스가 자신의 형제들을 죽였다는 사실이 전해지자 알타이아는 그 장작을 꺼냈어.
"내가 너를 낳음으로써 너에게 첫 번째 삶을 주었고, 타오르는 불길 속에서 나무등걸을 꺼내 두 번째 삶까지 주었다. 그러나 너는 내 피붙이를 죽여 나에게 고통을 주는구나. 이제 내가 너에게 두 번 준 생명을 그만 끝내야겠다. 사랑스럽고도 미운 내 아들아."

말을 마치고, 그녀는 보관해두었던 장작을 꺼내 불 속에 던져넣고 말았어. 멜레아그로스는 자신이 무엇 때문에, 왜 죽는지조차 알지 못한 채 보이지 않는 불길에 타죽고 말았지. 그는 죽어가면서 아무것도 모르고 어머니를 그리워했대. 그리고 결국 알타이아도 자신의 행동을 후회한 끝에 결국은 목을 매 죽었다지.

모체와 태아의 생존 경쟁

수많은 경쟁을 뚫고 성공한 난자와 정자의 랑데뷰. 하지만 아직 생존은 보장된 것이 아닙니다. 하나의 인간이 탄생한다는 게 결코 만만한 일이 아니거든요. 그 자그마한 수정란이 얼마나 생존 본능이 강렬한지, 생존이 얼마나 처절한 것인지 짚고 넘어가면서 탄생과 죽음을 통한 생명의 존재 의의와 가치에 대해 한번쯤 생각해보도록 하죠.

이미 말했듯이 수정란이 성체가 되어 자신의 유전자를 후대에 전달하기까지 넘어야 할 산은 아주 많습니다. 그 첫 관문은 모체와의 싸움입니다. 태아에게 엄마는 가장 든든한 후원자이자 보호자인데 싸움이라뇨? 물론 태아에게 모체는 자신을 존재하게 해준 근원이자 세상 전부입니다만, 그만큼 자신의 생존을 시시때때로 위협하는 존재가 될 수 있습니다. 아직은 세포덩어리인 수정란이 자궁벽에 착상해서 태반을 형성하여 모체로부터 가능한 한 많은 것을 흡수하기 위해 모체와 티격태격 벌이는 군비 경쟁, 모체의 거부반응과의 투쟁 등은 조금 과장하면 체험 수기 '난 이렇게 살아남았다' 수준입니다.

산모에게 이물질로서의 태아-〈에이리언〉 리플리의 태아 초음파 사진

　　태아의 입장에서 보면 자신의 성장 발달을 위해 모체로부터 에너지를 가급적 많이 빼앗으면서도 모체가 자신에게 안정된 생활 터전을 제공해줄 수 있도록 임신 상태를 유지시키는 것에 주력해야 합니다. 반대로, 모체의 입장에서는 1/2은 타인의 유전자로 이루어진 태아를 자신이 받아들여 키울 것인지를 결정하고, 그 이후에 임신은 유지하면서도 태아의 엄청난 식욕과 성장욕에 대항하여 자신을 보호하려는 방어기제에 관심을 가집니다. 따라서, 모체는 임신 기간 내내 양면적인 특징을 보여줍니다. 태아를 위해 생존할 장소와 성장할 에너지를 제공하면서도 한편으로는 끊임없이 태아의 생존을 위협하는 것이죠.

　　이렇게 초반부터 서로에게 한치도 양보할 수 없는 팽팽한 긴장 속에서 시작했으니, 수정란에겐 자궁에 착상하는 것 자체가 쉬운 일

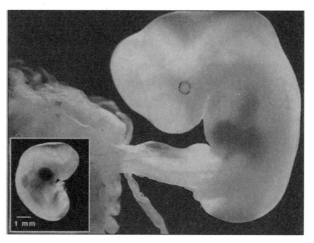

착상사진. 수정란에겐 자궁에 착상하는 것 자체가 쉬운 일은 아니다. 이는 태아가 본질적으로 모체와 절반의 동질성과 절반의 이질성을 동시에 가지고 있기 때문이다.

은 아닙니다. 이는 태아가 본질적으로 모체와 절반의 동질성과 절반의 이질성을 동시에 가지고 있기 때문입니다. 아시다시피 정자와 난자의 도킹은 자궁 내가 아니라, 자궁과 난소를 잇는 나팔관에서 이루어집니다. 도킹에 성공한 수정란은 이제 자신을 40주 동안 키워줄 자궁으로 이동해야 하죠. 수정란이 자궁에 착상하는 데 걸리는 시간은 약 일주일, 이 시간 내에 약 70%의 수정란이 착상에 성공하지 못하고 죽어버린다고 해요.

지난해 논란이 되었다가 결국 국내 시판이 허가된 사후 피임약 '노레보'의 경우가 이 원리를 이용한 것으로, 성관계 후 72시간 내에 이 약을 먹으면 자궁내막이 파괴되어 수정란이 내려왔을 때 착상을 할 수가 없습니다. 수정란이 자궁까지 내려왔을 때, 여성 호르몬의 작용으로 자궁벽이 부드럽고 영양분이 풍부한 상태이면 착상이 가능하지만 그렇지 않은 경우에 수정란은 제대로 뿌리내리지 못합니다. 절반의 성공을 위해 더 큰 대가를 치룰 수는 없기 때문에 모체는 이 아이가 시간과 에너지를 들여서 키워도 될 만한 '가치'가 있는지를 자신도 모르는 사이 테스트를 하게 되는 것이죠. 마치 암사자가 새끼를 벼랑에서 굴러 떨어뜨려 살아난 놈만 키우듯 말입니다.

또한, 모체는 아기의 유전자에 들어 있는 절반의 이물질을 외부의 적이라고 규정하는 경우도 있습니다. 그래서 이 이물질을 제거하기 위해 항체를 만들어서 아기를 공격하기도 하지요(자세한 내용은 '수혈과 예방주사 편 참조'). 이 경우에 대표적으로 알려진 것이 Rh- 혈액을 가진 여성의 출산입니다. Rh-의 혈액을 가진 여성이 Rh+의 혈액을 가진 남성과 결혼하여 Rh+ 혈액을 가진 아기가 생기면, 엄마의 면역계는 Rh+를 항원으로 인식하여 이에 대한 항체를 만들어 냅니다. 처음에는 항체를 만드는 속도가 느리기 때문에, 첫 아이는 무사히 태어날 수 있습니다만, 둘째 아이부터는 문제가 심각해집니다.

Rh+와 Rh-를 비교해보면 Rh+가 우성이기 때문에 둘 사이에서는 또다시 Rh+ 타입의 아기가 생겨나기 쉬운데, 이번에는 엄마의 몸 속에 기존에 만들어뒀던 항체들이 아기가 생기자마자 마구 공격하기 시작합니다. 아직 저항할 힘이 부족한 아기는 대개 자연유산되며, 같은 과정이 반복되는 경우가 많습니다. 이를 적아세포증이라고 하는데, 이런 이유로 Rh- 타입의 여성이 Rh+인 남성과 결혼할 때는 임신 초기부터 출산까지 세밀하게 점검하고 의사의 도움을 받는 것이 좋답니다.

강한 자식을 키워내기 위한 엄마 캥거루의 특훈

　모체 쪽에서 가혹할 정도로 공격을 시도하면, 태아는 그저 가만히 앉아서 당하기만 할까요? 작고 여리기는 하나 태아 역시 생명체이기 때문에 그렇게 호락호락하게 당하지만은 않습니다. 태아에게도 강렬한 생존에의 열망이 있거든요.

　태아는 모체가 가하는 혹독한 테스트를 거쳐 살아남기 위해 나름대로의 방어 전략을 세웁니다. 그것이 바로 태반을 만드는 것이지요. 태반을 형성함으로써 태아는 모체의 혈액이 직접 자신과 맞닿는 것은 피하면서 모체에게서 필요한 영양분과 산소를 취하게 된답니다. 태반은 선택적 투과성이 있어 모체에게서 해로운 물질이 넘어오는 것은 방지하면서 성장에 필요한 물질들은 흡수하고 노폐물은 넘기도록 발달되어 왔습니다. 태아의 혈액과 모체의 혈액이 직접 섞이지 않고, 태반을 통해 물물교환만 하기 때문에, 태아와 엄마의 혈액형이 달라도 태아는 문제 없이 생존^(H)할 수 있답니다. 태반은 임신 4 개월경이면 거의 완전하게 형성되기 때문에 자연유산의 경우, 4개월 이 지나면 그 발생율이 현저히 떨어진다고 해요.

일단 태반이 완전히 형성되면 태아는 모체가 가하는 위협에 대한 일차적인 방패막이를 만든 셈이 됩니다. 이제 한숨을 돌린 태아는 본격적으로 성장을 위한 에너지 사냥에 나서죠. 그동안 꼼짝없이 당 한 것을 그대로 돌려주겠다며 의기양양해합니다. 태아는 모체에게 서 자신에게 필요한 영양분을 좀더 많이 얻어내기 위해 hPL이라는 호르몬을 분비하게 되는데, 이것은 모체 내의 인슐린^{(H)(H)}의 작용을 저해하여 혈당을 높이는 역할을 합니다.

자, 그럼 어떻게 될까요? hPL이 많이 나오면 자연히 인슐린의 작용이 방해를 받고, 인슐린이 제기능을 못하면 혈당치가 높아지는 데, 이는 엄마의 혈액 속에 더 많은 영양분이 흐르게 된다는 뜻이니, 태아는 여기에서 더 많은 에너지를 얻을 수 있습니다. 그렇지만 엄마도 자신의 에너지를 그대로 도둑맞도록 지켜보고만 있지는 않습니다. 엄마 역시 태아에 대항해 더 많은 양의 인 슐린을 분비하죠. 태아는 그럴수록 hPL의 분비량을 늘리게 마련이어서, 임신 중 모체의 혈액 속에는 정상인 의 1,000배에 가까운 hPL이 흐른다 고 해요. 이는 마치 2차 대전 종전 이

> 안타깝게도 ABO식 혈액형을 인식하는 물질의 경우에는 태반을 통과하지 못해 서 별 문제가 없으나, RH+/-를 인식하는 물 질은 태반을 통과할 수 있어서 앞에서 말했던 것과 같은 문제가 벌어집니다.
>
> 인슐린은 췌장에서 분비되는 호르몬 으로 혈액 내의 포도당 함량을 낮추어 간에 글리코겐으로 저장하는 역할을 하죠. 당 뇨병 환자들은 이 인슐린의 양이 부족하거나 생성되지 않기 때문에 혈당이 높아져서, 소변 속에 당이 섞여 나오게 됩니다.

후 미·소 양 강대국이 벌였던 군비확장 경쟁과 비슷하죠. 미국이 미사일을 만들면 소련은 더욱 강한 미사일을, 거기에 대항해 미국은 다시 더 강력한 미사일을 만들어내는 끊임없는 악순환. 모체와 태아 사이의 이러한 경쟁은 임신성 당뇨를 가져올 뿐 아니라, 결국에는 전체적인 혈류량을 증가시켜, 모체는 임신성 고혈압을 앓을 가능성이 높아집니다. 따라서, 원래부터 고혈압을 앓았던 산모들이 때때로 위험한 상태가 되기도 합니다.

태아의 모체 침식은 이것에서 끝나지 않습니다. 임신 중기를 넘어서면서 태아 세포들은 본격적으로 자궁벽을 뚫고 침입하여 모체가 자궁으로 보내는 혈류량을 조절할 수 없게 만듭니다. 따라서, 임산부들은 이로 인한 임신중독증으로 고생하고, 이들이 자궁 근처의 신장까지 침범하는 경우, 신장염을 앓기도 합니다. 자그마한 태아가 생존을 위해서 자신을 만들어주고 지켜주는 세계로부터 생존 요건들을 얻어내려는 욕망은 무시무시할 정도입니다.

모체가 자신의 유전자의 절반을 가지고 있는 이 생물을, 고통을 감수하면서 받아들이면 태아는 무사히 열 달을 견뎌낸 뒤, 좁은 산도를 기어 내려와 세상 빛에 눈을 뜨게 되고, 그제서야 다시 한 번의 생(生)을 시작하는 것이죠.

 관련 사이트

hPL 증가로 인한 임신성 당뇨 http://mcn.healthis.org/pih/PIH2.htm

임신과 출산 http://netdoctor119.com

적아세포증 http://www.dongeui.ac.kr/~plantp/chik/lec04/bio104.html

레다와 아름다운 백조

백조로 변신해 레다를 유혹하는 제우스와 레
다의 몸에서 태어난 아버지가 다른 쌍둥이

스파르타 지방을 여행하던 제우스는 그만 정신이 아득해지고 말았어. 스파르타의 왕 틴다
레오스의 부인인 레다의 아름다움에 홀딱 빠져버린 거야. 제우스는 다시 나쁜 버릇이 발동해
이 유부녀를 유혹하기로 마음먹었어.

아름답고 정숙한 그녀에게 접근할 방법을 생각한 끝에 제우스는 커다란 날개를 가진 아름
다운 백조로 변신했어. 그리고는 유순하고 아름다운 새를 보기 위해 다가온 레다와 정을 통하
는 데 성공했지. 그러나 이게 무슨 운명의 장난인지, 레다는 제우스와 관계를 맺은 그날, 바로
남편과 동침을 했거든. 그래서 그녀의 뱃속에는 동시에 두 명의 아이가 깃들이게 되었어.

시간이 지나 레다는 카스토르와 폴리데우케스라는 쌍둥이를 얻었지. 두 아이는 함께 자랐
으나 운명은 서로 달랐어. 인간인 틴다레오스를 아버지로 두어 언젠가는 죽을 수밖에 없는 운
명을 가진 카스토르와, 제우스를 아버지로 두어 불사신의 운명을 가진 폴리데우케스. 참, 레다
는 나중에 제우스의 딸을 하나 더 낳았대. 그 아이가 바로 저 유명한 트로이아 전쟁의 원인이 되
었다는 절세미인 헬레네라더군.

지난 2000년, 네티즌이 선정한 세계 10대 뉴스에 영국에서 태어난 어린 쌍둥이 자매가 뽑힌 적이 있습니다. 갓 태어난 이 어린 아이들이 뭐가 그리 대단하길래? 조디와 메리(가명)라는 이름의 이 자매는 바로 샴쌍둥이[주]였던 것입니다.

대개는 샴쌍둥이가 태어나면 그들이 '정상적'으로 살아갈 수 있게 하기 위해 분리 수술을 하게 되지만, 이들의 부모는 아이들의 분리를 거부했고, 문제는 결국 법정까지 가면서 세상 사람들의 귀를 자극했

> 샴쌍둥이(Siamese twin)는 신체의 일부가 붙어서 태어나는 비분리 쌍둥이를 가리키는데, 기록으로 남아 있는 최초의 비분리 쌍둥이는 1811년 샴(지금의 태국)에서 태어난 챙(Chang)과 잉(Eng) 형제로 알려졌기 때문에 '샴쌍둥이'란 명칭이 붙었습니다. 이들은 가슴이 맞붙은 채로 태어났지만, 자라면서 연결된 가슴 부위가 점차 늘어나 둘은 나란히 서서 걷는 것은 물론 수영까지 할 수 있었다고 해요. 1829년 미국으로 와서, 유랑극단을 따라다니다가 나중에 미국 시민권을 얻어 1843년 두 자매와 결혼해서 아이도 얻었습니다. 당시에는 분리수술이 어려웠기 때문에 둘은 63년간이나 붙어 지내다가 노스캐롤라이나주에서 1874년 1월 17일에 함께 사망했습니다.

조디와 메리의 모습

던 것이죠.

　이들이 문제가 되는 것은 지금 그들이 처한 특수한 상황 때문입니다. 두 아이 중 메리의 심장과 폐는 이미 기능을 멈춘 상태(만약 이들이 정상적으로 분리된 채 태어났더라면 메리는 이미 죽었겠지요)로 메리는 조디의 심폐기능에 의존해서 생명을 부지하고 있습니다. 조디의 심폐기능은 정상이긴 하지만, 언제까지나 두 사람 몫의 기능을 할 수 없기에 의사들은 이들을 이대로 두면 몇 달 못 가 둘 다 사망할 것이라며 하루라도 빨리 분리수술을 해서 건강한 한 아이라도 살려야 한다고 주장했습니다. 그러나 로마 가톨릭 교회의 신자인 쌍둥이의 부모는 "아이들을 분리하는 것은 '신의 뜻'이 아니기 때문에 설사 둘 다 죽는다 하더라도 그대로 자라게 해야 한다"고 고집해 법정 문제로까지 비화되었고, 전국민이 양편으로 나뉘어 분리수술에 대해 찬반 논쟁을 벌였죠. 격렬한 공방전 끝에 결국 영국 법원은 이 삼쌍둥이를 분리하라는 명령을 내렸고, 항소를 하겠다고 강경하게 맞서던 부모는 무슨 이유에서인지 더이상의 제소를 포기한 채, 이들은 결국 수술에 들어갔습니다. 결국 이 수술로 인해 메리는 완전히 사망하고 말았습니다.

이 문제는 한 아이를 희생시켜서 다른 아이를 살리는 것이 과연 옳은지, 현대 의학의 관점과 종교적 신념의 차이가 어떻게 충돌하는지, 정상적인 삶이란 과연 어떠한 것인지에 대한 많은 논쟁점이 하나로 집결된 문제여서 사람들의 시선을 끌며, 여론을 유도해낼 수 있었습니다. 여기서 잠깐! 이 논쟁 속으로 뛰어들기 전에 먼저 쌍둥이가 어떻게 해서 태어나는지 잠시 살펴보기로 하죠.

쌍둥이에는 일란성(一卵性)과 이란성(二卵性)이 있습니다. 일란성은 한 개의 정자와 한 개의 난자에서, 이란성은 서로 다른 난자와 서로 다른 정자에서 출발합니다. 일란성 쌍둥이의 경우, 하나의 정자와 난자에서 출발한 수정란이 난할을 거치다가 양극으로 갈라지는 경우(왜 그런지 정확히는 모릅니다)가 생기게 되는데, 이 경우 유전자형이 완전히 일치합니다.

반면 이란성 쌍둥이는 두 개의 난자와 두 개의 정자에서 시작합니다. 여성의 난소는 양쪽에서 번갈아 한 달에 한 번씩, 한 개의 난자만을 성숙시켜 배출하지만, 늘 그런 것만은 아니고, 또한 인공적으로 배란 유도제를 주사하는 경우 여러 개의 난자가 배출되어 이란성 쌍둥이의 비율은 높아집니다. 시험관 아기 시술시에는 확률을 높이기 위해서 여러 개의 수정란을 한꺼번에 착상시키는 경우가 많아서 이란성 쌍둥이가 태어날 확률은 더욱 높아집니다. 생물발생학적인 관점에서 보면 이란성 쌍둥이는 별 의미가 없지요. 이란성 쌍둥이는 단지 같이 태어났다는 사실 외에는 보통의 형제자매와 유전학적으로는 다를 바가 별로 없기에 발생학적으로 비중이 주어지는 것은 유

하나일까, 셋일까?

전자형이 같은 일란성 쌍둥이입니다.

일란성 쌍둥이는 원래는 하나의 개체가 되어야 할 수정란이 둘로 나뉘는 것이기 때문에 여러 가지 문제가 생기는 경우가 가끔 있습니다. 앞의 예처럼 서로 완전히 분리되지 않는 경우(대개 정수리, 뒷머리, 가슴과 배, 좌골 등이 많이 붙어서 태어납니다. 단순히 피부조직만 붙어 있는 경우는 분리가 쉽지만, 앞의 메리나 조디처럼 내장기관이 하나밖에 없는 경우는 문제가 심각해집니다), 한쪽은 정상이나 다른 쪽은 일부만 발생하여 붙어 있는 경우(태아의 어깨에 다른 태아의 것으로

보이는 다리 한 쌍이 달려 있
거나 어깨 아래는 정상이지
만, 머리가 둘인 경우도 있습
니다), 또는 사라진 쌍둥이
(Vanishing Twin)도 있습
니다.

배니싱 트윈. 쌍둥이가 임신될 경우, 85% 정도가
자궁 속으로 사라져버린다고 한다.

　영화 제목으로 더 낯익
은 〈배니싱 트윈〉은 쌍둥
이 중의 하나가 탄생 전에
모체 속에서 사라져버리는 현상을 말합니다. 일반인이 쌍둥이를 임
신할 경우는 전체의 10% 정도라고 의학적으로 보고되어 있습니다.
그렇다면, 세상에는 상당히 많은 쌍둥이가 존재해야 할텐데 일란성
쌍둥이가 그리 흔하지는 않습니다. 그것을 설명해주는 것이 바로
'배니싱 트윈'이죠. 커트 베너스크 박사를 비롯해 병리학 그리고 재
생의학 교수들이 홈페이지를 통해 증언했는데, 쌍둥이가 임신될 경
우, 85% 정도가 자궁 속으로 사라져버린다고 합니다. 이런 '쌍둥이
가 사라지는 현상'은 엘리자베스라는 여성의 임신 과정을 통해 이미
1989년에 알려졌습니다. 처음 그녀의 태아를 뢴트겐 촬영했을 당시
에는 쌍둥이임이 확인되었으나, 임신이 약 4% 정도 진행되는 동안
그중 하나가 사라지고 말았죠.

　그 이유는 첫째, 어머니 뱃속에서 일정한 양의 영양분을 나누어
야 하기 때문에 약육강식의 법칙이 적용되어, 쌍둥이 중 한 명이 다
른 한 명에게 흡수되는 것입니다. 이런 경우 임상적으로 어린아이의

몸 속에서 상대방의 흔적을 발견하는 경우가 흔히 있습니다. 태아에게 가장 편안하고 포근한 상태라고 생각하는 자궁이 쌍둥이에게는 생존의 법칙이 작용하는 무대일 수 있습니다.

둘째는 쌍둥이 중 한 명이 자궁 속으로 흡수되는 것입니다. 한 명이 열성 인자로 판명되고 어머니의 영양분이 선택적으로 우성 인자에게 공급되면서 열성 인자는 자연 도태되는 현상이죠. 살아남은 나머지 아이는 현실이자 무의식 세계인 자궁 속에서 자신의 형제를 떠나보내는 슬픈 운명을 가지고 태어나는 겁니다.

샴쌍둥이는 배니싱 트윈의 수준에서는 벗어났지만, 정상적인 두 개체로 발생하는 데 문제가 생긴 경우입니다. 현대 의학은 샴쌍둥이를 단지 분리해야 하는 대상으로만 봅니다. 그들이 정상적인 인간과 다른 형태의 형제 자매로 태어났다는 이유죠. 하지만, 예전에 SBS의 〈그것이 알고 싶다〉에서 다룬 샴쌍둥이의 의견은 사뭇 다릅니다. 그 프로그램에서는 로리와 도리라는 이름의 미국의 샴쌍둥이 자매가 40세가 되는 현재까지 서로를 자신의 일부로 여기며 보듬고 기대면서 살아가는 이야기와 분리수술을 받은 우리나라의 유리, 유정 자매의 이야기를 교차시켜 보여줍니다. 로리와 도리 자매는 각자의 일을 하면서 40년 간이나 함께 살고 있지만, 분리 수술 후 유리는 결국 세상을 떠났고 유정이는 무슨 이유에서인지 멀쩡한 다리를 갖고 있는데도 걷지를 못합니다.

샴쌍둥이를 분리하여 그들이 정상적인 인간의 삶을 살 수 있는 권리를 회복시켜주는 것에 대해서는 환영합니다만, 그들이 단지 수술을 받아야 하는, 마치 암덩어리를 제거하듯 잘라버려야 하는 존재는 아니라고 생각합니다. 앞의 메리와 조디의 경우는 특수한 예지만 서로가 보완적인 것이 아니라, 한쪽이 다른 쪽에 절대적으로 의지하는 경우 쌍둥이를 잘라내도 정상적인 생활을 영위할 수 없을 정도라면 과연 분리 수술만이 유일한 대안인가 하는 생각이 듭니다. 그들 자신은 그저 약간 불편한 것이고, 서로를 자신의 몸의 일부로 받아들이고 있는데 세상이 '모든 것을 표준화시키는 눈'으로 그들을 가늠하고 있는지도 모릅니다. 과연 하나의 독립된 생명체란 어떤 것을 의미할까요?

 관련 사이트

쌍생아 http://kr.encycl.yahoo.com/final.html?id=103704
메리와 조디의 이야기 http://www.dsd.co.kr/uk/2000/200009/uk2000092801.htm
배니싱 트윈에 대하여 http://www.vanishingtwin.com/def.html

하늘에서 내던져진 헤파이스토스

부모에게 버려졌음에도 묵묵히 대장간에서
자신의 일에 몰두하는 헤파이스토스

헤파이스토스는 헤라가 남자와 정을 통하지 않고 혼자 힘으로 낳은 아이야. 제우스의 머리
에서 아테나가 태어나는 걸 본 헤라가 자기도 혼자서 아이를 낳을 수 있다는 걸 보여주고 싶었
던 거지. 하지만, 헤라는 제우스가 임신한 메티스를 삼켜서 아테나를 낳았다는 걸 몰랐던 거야.
어쨌든 헤라는 혼자 힘으로 낳는 데는 성공했는데, 낳고 보니 아이는 올림포스 신들 가운데 가
장 못생겼을 뿐 아니라 태어나면서부터 다리를 절었어.

헤라는 이런 아이를 낳은 것이 창피했어. 그래서 잔인하게도 물에 빠뜨리기 위해 갓 태어
난 아이를 하늘에서 바다로 내던졌지. 바다에 떨어진 아이를 불쌍히 여긴 바다의 여신 테티스
와 에우리노메가 헤라 몰래 아이를 키웠어. 손재주가 좋고 불을 다루는 기술이 뛰어난 헤파이
스토스는 9년 동안 바다의 신 네레우스의 동굴에서 무럭무럭 자랐고 결국 재주를 인정받아
다시 올림포스로 올라가게 되지.

비록 자신을 버린 어머니였지만, 헤파이스토스는 헤라를 끔찍하게 위했어.
한번은 제우스와 헤라가 심하게 부부싸움을 했는데, 분위기가 얼마나 험악했는지 제우스
가 헤라에게 주먹질을 할 정도였지. 이때 헤파이스토스가 어머니 헤라의 편을 들자 제우스는
화가 나 그를 올림포스 밖으로 내던졌어. 불쌍한 헤파이스토스는 또다시 하늘에서 렘노스 섬에
떨어지는 신세가 되었지. 렘노스 섬의 주민들은 그를 잘 간호했지만 이 상처로 그는 더 심한 절
름발이가 되고 말았대.

선천성 기형

　현재(2001년 조사) 우리나라의 기형아 출생율은 1.7% 정도에 이르는 것으로 알려져 있습니다. 100명 중 2명의 아기가 기형인 셈인데, 이것은 심각한 기형에 속하는 경우이고, 일상생활에 그다지 영향을 미치지 않는 가벼운 기형까지 포함하면 거의 10%에 달한다고 합니다. 고귀한 생명인 아기는 태어나면서부터 축복과 사랑을 받으며 건강하게 자랄 권리가 있습니다. 그러나 이런저런 기형을 가지고 태어난 아기는 엄마의 눈물을 먹으며 한숨소리를 듣고 자라야 하는 기막힌 운명에 처하는 경우가 있습니다.

　그렇다면 과연 기형이란 정확히 무엇이고, 왜 생기는 걸까요?
　의학적인 소견을 보면 기형이란 신체의 전부 혹은 일부의 구조에 이상이 있거나 대사성 질환으로 신체의 기능이나 모습에 이상이 있는 경우를 말합니다.
　기형은 크게 선천성 기형과 후천성 기형으로 나눌 수 있습니다.

선천성 기형은 우리가 흔히 알고 있는, 태어나면서부터 눈으로 보이는 이상을 가지고 있는 것입니다. 신경관 파열이라든지 심장 기형 같은 심각한 것부터 구순열(일명 언청이) 같은 현대 의학으로 치료 가능한 것도 있습니다. 후천성 기형은 태어난 이후에 사고를 당해서 기형이 된 것이 아니라, 대사성 질병으로 인해 기형이 된 것을 주로 가리킵니다. 대사성 질병이란 우리 몸에서 특정한 아미노산이나 영양물질을 소화하는 효소가 선천적으로 결핍되어 있는 유전병들을 이야기하는데, 대표적인 것으로 페닐케톤뇨증이 있습니다. 아미노산의 일종인 페닐알라닌을 분해, 소화시키지 못하는 유전질환이지요. 이 경우 소화되지 않은 페닐알라닌은 뇌에 쌓여 뇌의 발달을 저해하는데, 지능 저하는 물론 움직임에도 장애가 옵니다.

이렇게 해서 태어날 때는 별 이상이 없지만, 대사 이상으로 인해 뇌나 신체의 발달이 저해되는 경우를 후천성 기형이라고 합니다. 위에서 말한 페닐케톤뇨증 외에도 젖당을 소화시키지 못하는 갈락토세미아, 구리를 소화시키지 못하는 윌슨병 등이 있는데, 이런 병들의 경우 태어나자마자 유전자 검사를 해서 특정 성분이 들어 있지 않은 음식을 먹는 식이요법을 쓰거나(페닐케톤뇨증의 경우), 그 성분을 소화시킬 수 있는 효소를 따로 먹으면(윌슨병의 경우) 이상을 최소화할 수 있습니다. 그래서, 요즈음에는 종합 병원에서 아기를 낳으면 검사를 받을 수 있게 한다고 합니다. 특히 집안의 누군가가 비슷한 종류의 병을 앓고 있다면 반드시 받는 게 좋습니다.

현재 밝혀진 바로는 선천성 기형의 원인은 유전적인 것이 30%, 환경적인 것이 20% 정도를 차지합니다. 그럼 나머지 50%는? 안타

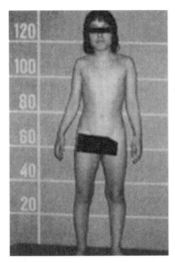
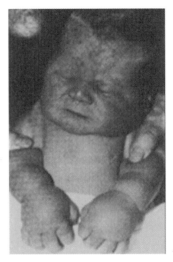

전형적인 터너 증후군을 앓고 있는 14세 여아 의 전신사진. 유방이 거의 발달하지 않았으며, 전체적으로 왜소한 편이다.

출생할 때부터 손등에 심한 부종이 있는 터너 증후군 아기.

깝지만 선천성 기형 중 절반이 그 이유를 잘 모르는 경우입니다. 하지만 확인된 것이라도 제대로 알아야겠지요.

선천성 기형의 원인 중 첫 번째인 유전적 이상은 수정 순간에 결정됩니다. 정자와 난자가 만들어질 때 염색체에 이상이 생기거나 애초부터 그 정자와 난자의 주인의 유전자가 고장나 있는 것 등이 원인입니다. 마치 처음부터 잘못 그려진 설계도대로 집을 짓는 것과 같아서, 과정 자체에는 문제가 없지만, 설계가 잘못 되어 집이 무너지는 것과 같은 이치입니다.

이런 종류의 기형에는 염색체 숫자가 많거나(다운 증후군, 클라인펠터 증후군), 염색체 수가 적거나(터너 증후군), 염색체 일부가 잘려나간(묘성 증후군) 염색체 이상과 염색체 위에 존재하는 유전자적인

기형 인어의 하소연

이상(단일 유전자 이상은 페닐케톤뇨증, 갈락토세미아 같은 선천성 대
사 이상증을 주로 일으키며, 여러 가지 유전자가 복합적으로 고장난 경
우에는 선천성 심장 기형이나 구개파열 등을 일으킨다고 해요) 등이 있
는데, 이 경우에는 산전 진단을 통해 감별이 가능하기 때문에, 가족
이나 친척 중에 이런 비슷한 질병을 가진 경우가 있다면 반드시 검
사해보는 것이 좋습니다.

어찌 보면 이런 유전적 기형은 어쩔 수 없이 나쁜 패를 집어든 것
과 같습니다. 그러나 환경적 요인에 의한 이상이라면 때로는 충분히
막을 수 있는 경우가 많아요. 설계도가 이상이 없는데 집이 잘못 지
어졌다면 중간에 뭔가 다른 방해 요소가 끼어들었기 때문이며, 이는

주의하면 제거할 수 있습니다. 기형을 가져올 수 있는 외부적 요인으로는 각종 약물, 알코올, 흡연, 방사선, 카페인, 자외선, 바이러스와 모체 감염 등이 있다고 알려져 있죠.

흔히 산부인과 의사들은 이런 질문을 많이 받는다고 해요.
'임신인 줄 모르고 감기약을 먹었어요, 어쩌면 좋죠?'
여성은 배란과 임신을 정확하게 파악할 수 없기 때문에 수정이 되었더라도 다음 번 생리가 있을 때까지는 스스로도 잘 알 수 없는 경우가 많습니다. 보통 배란에서 생리 개시일까지는 2주 정도 걸리니까 이 기간 동안에 몸이 아파서 약을 먹을 수도 있거든요. 무심코 약을 먹은 후 뒤늦게 임신인 걸 알고서는 그때부터 걱정하고, 또 걱정이 지나친 나머지 낙태를 원하는 사람도 있다고 해요.

하지만, 이 시기에는 약에 대해 그리 걱정하지 않아도 됩니다. 왜냐하면 수정란이 나팔관에서 자궁까지 내려와 자궁벽에 착상하고 엄마에게서 양분을 얻을 통로를 만드는 데 시간이 걸리기 때문이죠. 이 시기에는 아직 엄마와 태아가 직접적인 교류를 하지 않기 때문에 엄마가 먹은 약이 태아에게 그리 큰 영향을 주지는 않습니다. 문제는 이 이후인데, 3~4주부터 12주까지가 아기에겐 매우 중요한 시기입니다. 이때에는 태아와 엄마의 교류가 활발해지고, 태아가 몸의 기관을 거의 만드는 시기인데다가, 차단벽이 되어줄 태반이 완전하지 못해서 태아는 무방비로 약물에 노출되고 민감하게 영향을 받습니다.

지난 50년대와 60년대 전세계를 경악하게 했던 탈리도마이드 사건[H] 이후 태아에게 영향을 미치는 약물들에 대한 연구가 지속적으로 이루어져 현재는 의사와 상의하여 태아에게 해가 없다고 알려진 약물들을 처방받을 수 있습니다. 때로는 약이 좋지 않다고 피하다가 오히려 엉뚱한 병에 걸려버리면 아기에게 더욱

탈리도마이드는 처음에 입덧 저해제로 개발된 약품으로 동물 실험에서 안정성이 입증되어 많은 산모들이 고통스런 입덧을 완화시키기 위해 복용했습니다. 그러나 탈리도마이드는 혈관 형성을 억제하는 부작용이 있었는데, 이것이 성체에는 별다른 영향을 주지 않지만, 태아에게는 치명적이었습니다. 아기가 팔다리를 만드는 시기인 임신 2~3개월경에 이 약을 복용하면 아기 팔다리의 혈관 형성이 제대로 되지 않아 팔다리가 지나치게 짧거나 아예 없는 상태로 태어나게 됩니다. 결국 탈리도마이드는 전세계적으로 1만 명 이상의 팔다리가 불완전한 기형아를 탄생시키는 비극을 연출한 뒤, 60년대 초반 사용이 금지되었습니다.

더 치명적일 수도 있습니다. 예를 들어 풍진은 흔히 어린아이들이 통과의례처럼 앓고 지나가는 병이지만, 임신중에 걸렸을 경우 태아에게 심장 기형이나 백내장 등 심각한 기형을 초래하는 것으로 알려져 있습니다. 이밖에도 매독이나 임질 등의 성병이나 에이즈도 수직 감염이라고 하여 엄마에게서 아기로 직접 전염이 가능하거든요.

또한 방사선도 아기에게 그리 좋지 않기 때문에 엑스레이를 찍어야 하는 경우, 반드시 상담을 하는 게 좋고, 약물 이외에 과다한 화학 물질(중금속, 페인트, 제초제, 농약, 오염된 쿠킹 호일 등도 좋지 않습니다)에 노출되어도 기형아 및 유산의 빈도가 높아지니 주의해야 합니다. 또한 어른에게도 안 좋은 술과 담배가 아기에게는 얼마나 나쁜 영향을 미칠지는 다들 짐작이 갈 겁니다. 맥주 6백cc 정도의 알코올을 매일같이 먹거나, 매일 한 갑 이상의 담배를 피우면 발육부전, 소뇌증 등의 원인이 되고, 심하면 아기가 태중에서 알코올 중독에 걸

리거나 사망하는 경우도 있습니다. 또한 자외선과 뜨거운 수증기도 별로 좋지 않은데, 배를 드러내놓고 선탠을 하면 아기가 실명할 위험이 있고, 너무 뜨거운 사우나를 즐기면 아기의 신경관 형성에 영향을 미쳐 무뇌아를 낳을 위험이 증가한다고 알려져 있습니다.

건강하고 예쁜 아기를 낳아서 기르고 싶은 것은 누구나의 욕심입니다. 내 소중한 아이가 잘못된다면 생각만 해도 끔찍하지요. 이 글을 쓰는 목적은 기형아를 어떻게 완전히 예방할 수 있느냐는 것이 아닙니다. 사실 현대 의학이 여기까지 감당해내지는 못합니다. 단지 우리가 막을 수 있는 기형아, 예를 들어 약물이나 알코올 중독 상태인 엄마에게서 태어나는 아기, 엄마의 병 때문에 잘못되는 아기(예를 들어 산모가 임질에 걸려 있으면 태어나는 도중에 아기의 눈에 임질균이 들어가 시력을 잃을 수 있습니다), 선천성 대사 질환으로 인한 생후 미대처로 인한 정신 박약 등의 경우만이라도 막았으면 해서입니다. 이런 경우의 아기는 부모가 충분히 조심만 한다면 얼마든지 정상적인 생활을 영위할 수도 있으니까요.

비록 작고 여린 생명이지만, 이 작은 아기에게도 건강하고 행복한 삶을 누릴 권리가 있습니다.

 관련 사이트

선천성 기형 http://edu.co.kr/wonsikk

국립보건원 유전질환과 http://biomed.nih.go.kr

탈리도마이드 http://www.fda.gov/cder/news/thalidomide.htm

아폴론에게 수명을 약속받는 시빌레

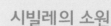
시빌레의 소원

시빌레는 트로이 부근 마르페소스에 살던 여자인데, 태양의 신 아폴론을 위한 봉사에 몸을 바친 대가로 그로부터 예언력을 전수받았어. 그녀는 수수께끼의 형태로 신탁을 고하고, 나뭇잎에 그것을 적었는데, 예언이 어찌나 정확하던지 마을에서 시빌레라는 이름은 신탁을 고하는 무녀의 총칭으로 쓰일 정도였지.

그러던 중 시빌레는 아폴론으로부터 자신의 애인이 되어주면 무슨 소원이든지 들어주겠다는 제안을 받았지. 시빌레는 한 손 가득 모래알을 쥐고 이렇게 말했어.
"오, 신이시여. 제가 손에 쥐고 있는 이 모래알만큼의 봄과 가을을 원합니다."

한 줌 가득 쥔 모래알은 수천 개를 헤아릴 정도였어. 그러나 그녀는 깜빡 잊고 영원한 청춘을 달라는 말을 하지 않았어. 하지만 그녀가 아폴론의 곁에 애인으로 남아 있었더라면 아무런 문제가 없었을텐데, 결국 아폴론의 구애를 받아들이지 않았기 때문에, 하루하루 늙어갔어. 점점 쪼그라들던 그녀는 마침내 몸 전체가 시들어 병 속에 넣어진 채 동굴 천장에 매달리게 되었지. 자식들이 그녀에게 소원이 무엇이냐고 묻자 그녀는 죽고 싶다고 대답했대.

어렸을 때는 설날에 떡국을 먹는 것이 참 좋았습니다. 떡국을 먹으며 나이 한 살 더 먹는 것을 기뻐했고, 빨리 자라 어른이 되어서 하고 싶은 일을 할 날이 오기를 손꼽아 기다리곤 했지요. 빨리빨리 크기를 바라며 엄마 옷장에서 몰래 스카프를 꺼내 둘러보고, 굽 높은 구두를 신어보고, 서투르게 립스틱을 발라보던 어린아이는 이제 훌쩍 커버렸습니다. 소원대로 어른이 된 아이는 아직도 설날을 기다릴까요?

이제는 나이를 먹는다는 사실이 슬슬 버거워집니다. 열두 살 때나 지금이나 별달리 바뀐 것도 없는데, 어느덧 살아온 날들보다 살아가야 할 날이 더 짧다는 것을 깨닫는 순간, 사람들은 무서움을 느낍니다. 결국 우리는 죽음을 향해 마라톤을 하는 존재라는 사실이 숨막힐 것 같은 공포로 다가올 때도 있고, 때로는 인간이 가장 무서워하는 죽음보다 오히려 늙어간다는 것이 더 두렵게 느껴지기도 합

베르너 증후군 환자.
스무 살이 넘으면서 급격히 늙기 시작해
40대가 되면 70대 노인과 같아진다.

열여섯 살   마흔 살

니다. 그렇다면 사람들은 왜 늙어가는 걸까요?

과연 노화란 무엇일까요?

노화에 대한 정의는 크게 두 가지로 나뉩니다. 첫째, 노화는 생명체가 태어나서 죽음을 맞이하기까지 겪는 전 과정(이를 aging이라고 합니다)을 의미하기도 하고, 둘째, 우리가 흔히 '늙는다'는 개념으로 알고 있는 것들, 즉 늘어가는 주름살, 탄력 없는 피부, 빠지는 머리카락, 약해지는 뼈 등을 포함한 좁은 개념만을 의미하기도 합니다(이를 senescence라고 합니다). 전자의 개념에서 본다면 노화란 생명체라면 누구나 겪어야 하는 자연스런 생명 현상 중의 하나로 받아들일 수 있지만, 후자의 개념에서 본다면 일종의 질병처럼 일어나는 마모 현상으로 얼마든지 지연시키거나 멈추게 할 수도 있다는 뜻으로 받아들여집니다.

자, 이제 노화가 일어나는 원인에 대해 좀더 자세히 생각해봅시다. 노화의 원인에 대한 생각도 크게 두 가지로 나뉩니다. 유전자 속에 노화 과정이 이미 찍혀 있다는 프로그램 가설(Programmed aging

프로게리아라는 조로병을 앓고 있는 아이들. 이 병에 걸리면 생물학적인 나이를 실제보다 10배 정도 빨리 먹게 된다.

theory), 그리고 노화란 환경에서 받는 스트레스의 결과라는 스트레스 가설이 그것입니다. 전자는 노화는 어쩔 수 없는 생명 활동의 일부분이라고 받아들이는 경우이고, 후자는 노화는 적극적으로 뛰어들면 해결할 수 있는 문제라고 생각하는 관점이죠.

먼저, 전자의 경우부터 살펴볼까요? 혹시 조로증(早老症)이란 단어를 들어보신 적이 있나요? 조로증은 말 그대로 남들보다 빨리 늙어버리는 병을 통칭하는 것으로 베르너 증후군(Werner syndrome), 프로게리아(Progeria), 랙스 커티스 질환 등이 있습니다.

남아공의 열여섯 살 된 소년 프란지 게링거는 정부에서 주는 노인 연금을 받고 있습니다. 그는 이미 돌 무렵부터 머리가 빠지고 주름살이 생기는 등 여느 아이와는 달리 '성장하는' 것이 아니라 '늙어가는' 증상을 보였다고 하네요. 정밀 진단 결과 프란지는 프로게리아라는 조로병에 걸려 있음이 밝혀졌습니다. 프로게리아는 전세계적으로 23명의 환자만이 보고된 희귀한 조로병으로, 이 병에 걸리면

공주, 도대체 언제 잠에서 깨어날 거요?

잠자는 공주를 기다리다 늙어버린 왕자의 한탄

생물학적인 나이를 실제보다 10배 정도 빨리 먹게 된다고 합니다. 프란지는 열여섯 살이지만, 머리카락은 이미 다 빠졌고 피부는 종잇장 같으며, 또래들과 어울려 축구를 하는 대신에 매일 위궤양 치료약을 먹으며 심장병과 류머티즘과 저혈압으로 고생하며 살아가고 있어요.

조로병은 유전자에 개체에 대한 일정한 수명 패턴이 정해져 있던 상태에서, 그것이 고장날 경우(로스 오브 펑션Loss of function, 어떤 유전자가 기존의 기능을 할 수 없게 되는 것) 갑자기 사이클이 빨라져서 생기는 병입니다. 이에 착안한 사람들은 유전자의 이상으로 빨리 늙어서 죽어버린다면, 역으로 이 유전자의 기능을 증가시킨다면(게인 오브 펑션Gain of function, 유전자의 이상으로 전에 없던 기능을 가지게 되는 것) 오히려 수명을 연장시킬 수도 있지 않을까라는 생각을 하게 되었습니다.

이에 대한 연구는 실제로 행해져서, 예쁜꼬마선충이라는 작은 선충(蟬蟲)을 이용한 실험에서, 이것과 비슷한 기능을 하는 유전자를 인위적으로 조작하면 이 녀석은 다른 것보다 두 배 이상 오래 사는 것을 발견했습니다. 사람들은 노화의 신비가 풀린 것이 아닌가 흥분했었지만, 그것도 잠시뿐. 이 개체가 오래 사는 것은 늙는 것이 저해되어서가 아니라 다른 놈들보다 자라는 속도가 두 배 느리기 때문이었습니다. 생체 시계가 전체적으로 두 배 느리게 가는 것이니 진정한 의미의 노화를 저지한 것은 아닙니다. 생각해보세요, 어른이 되는 데 20년이 아니라 40년이 걸린다면 80세까지가 아니라 160세까지 사는 것이 당연하겠지요.

이에 대한 연구는 계속 진행되었고, 그 중 베르너 증후군은 어떤 경로로 일찌감치 노화 현상을 일으키는지에 대한 연구 결과가 과학 전문 저널 《사이언스》에 실렸습니다. 이 논문을 발표한 텍사스 대학의 이성근 박사에 의하면 베르너 증후군의 원흉은 인간의 8번 염색체에 있는 DNA 헬리카제라고 해요.

DNA가 이중 나선 구조로 꼬여 있다는 이야기는 들어보셨을 거예요. 세포가 분열하게 되면 DNA도 복제가 되어서 두 개로 나누어져야 되는데, 이렇게 꼬여 있으면 복제하기가 어렵습니다. 그래서

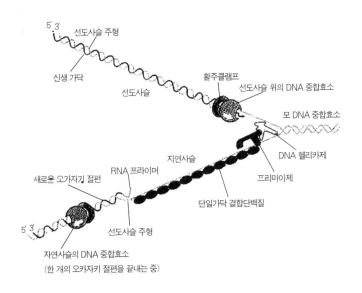

5' 3' 선도사슬 주형

신생 가닥

선도사슬

활주클램프

선도사슬 위의 DNA 중합효소

모 DNA 중합효소

DNA 헬리카제

지연사슬

프리마아제

RNA 프라이머

새로운 오카자키 절편

단일가닥 결합단백질

5' 3'

선도사슬 주형

자연사슬의 DNA 중합효소
(한 개의 오카자키 절편을 끝내는 중)

**DNA 복제 과정. 꼬불꼬불하게 꼬여 있는 DNA를 한 가닥씩 풀어서
복제하려면 DNA 헬리카제가 반드시 필요하다.**

세포 속에는 헬리카제라는 효소가 존재하여 얽히고 설킨 DNA 가닥
들을 풀어주는 역할을 한답니다. 이렇듯 헬리카제가 산발한 머리카
락을 빗질하듯 DNA를 잘 풀어주면 DNA 중합효소가 이들을 복제해
서 똑같은 DNA 이중나선을 두 개 만들어냅니다.

그런데, 베르너 증후군 환자에게서는 이 헬리카제가 망가져 있다
는 사실이 드러났습니다. 따라서, 세포가 제대로 분열할 수가 없죠.
살아가다 보면 세포는 여러 가지 자극과 스트레스를 받아 죽게 되
고, 그 자리를 새로 분열한 세포가 채우는데, 나이가 들면 이 재생능
력이 점차 떨어지고 제대로 재생되지 않아 결국엔 죽게 되거든요.
베르너 증후군 환자의 경우, 사춘기부터 이런 현상을 보이게 되어

결국 세포는 작은 스트레스를 받아도 그것을 해소하지 못하고 약해지다가 죽어버리죠. 세포 하나하나의 죽음은 그다지 큰 문제가 되지 않지만, 그것이 전체적으로 이어진다면 결국 개체는 죽게 됩니다. 이 경우, 유전자의 기능 자체가 노화에 절대적인 영향을 미치며, 우리가 노화방지를 위해 하는 모든 노력들은 아무 효과가 없답니다. 이미 유전자 속에 '넌 몇 살까지만 살다가 죽어라' 라는 것이 정해져 있는 걸요.

그러나 노화의 원인에 대해서는 팽팽하게 맞서는 여러 가지 가설이 있습니다. 그들의 골자는 '수명은 정해져 있는 것이 아니라, 여러 환경 요인들의 영향을 받기 때문에 유동적이다. 따라서, 노력 여하에 따라 노화를 저지시킬 수 있고, 수명 연장도 가능하다' 라는 것이죠. 노화와 수명에 대한 보다 적극적인 입장인 셈인데, 이쪽에서 주장하는 바도 만만찮기에, 게다가 수명이 연장될 수 있다는 말은 솔깃하게 들리므로, 다음 장에서 이 부분에 대해 좀더 알아봅시다.

 관련사이트

베르너 증후군 http://www.ncbi.nlm.nihgov/disease/Werner.html

프로게리아 홈페이지 http://www.progeriaresearch.org

이성근 박사 논문

「Requirement of yeast SGS1 and SRS2 genes for replication and transcription」

:http://www.ncbi.nlm.nih.gov/entrez/query.fcgi?cmd=Retrieve&db=PubMed&list_
uids=10600744&dopt=Abstract

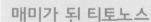

매미가 된 티토노스

에오스는 티토노스가 끝없이 늙어가자
결국 그를 매미로 변신시켰다.

새벽의 여신 에오스는 늘 불행한 사랑을 했어. 왜냐하면 에오스가 미와 사랑을 관장하는 아프로디테의 정부인 아레스와 사랑을 나누다 여신의 미움을 받았기 때문이지.

비록 불장난을 저질렀지만, 에오스가 진정으로 사랑한 사람은 트로이의 왕 티토노스, 즉 인간인 남자였어. 티토노스를 보자 한눈에 반한 에오스는, 그를 자기 궁전으로 데리고 가서 결혼을 했지. 그렇지만 영원한 삶을 약속받은 자신과는 달리, 인간인 티토노스가 죽음을 맞이할 것이 두려워진 에오스는 제우스에게 티토노스를 불사신으로 만들어줄 것을 부탁했어. 제우스가 그녀의 소원을 들어주었지만, 얼마 후 에오스는 티토노스가 눈에 띄게 쇠약해지는 것을 깨달았어. 머리칼이 검은색에서 흰색으로 변하고, 피부가 축 늘어지면서 주름투성이가 되어갔어.

에오스는 제우스에게 영원한 젊음을 함께 부탁했어야 한다는 것을 깨달았지만 이미 때는 늦었지. 지나가버린 시간은 신조차도 돌려놓을 수 없었으니까. 티토노스가 서서히 늙어가다가 결국 건조한 껍질이 되어버리자, 에오스는 그를 자기 궁전의 한 방에 가두고 청동 문을 잠갔어. 그리고 에오스는 영원히 죽지는 않지만 한없이 늙어가는 그가 끊임없이 노래를 불러 자신을 기쁘게 해주고, 해마다 낡은 껍질을 벗도록 하기 위해 그를 매미로 변신시켰어.

노화에 대한 이야기 2

누구든 세상에 태어나면 늙고 죽어가는 것, 이는 모든 생물에서 일어나는 자연의 섭리라 여겨져왔습니다. 그렇기에 사람들은 '영원한 젊음'을 갈구했고, 불로불사(不老不死)는 이루어질 수 없는 인류의 염원이었지요. 진시황은 '불로불사'를 위해 500명의 동남(童男)과 500명의 동녀(童女)를 희생시키기도 했지만, 그조차도 노화와 죽음의 운명을 피할 수는 없었죠.

앞에서는 노화가 일어나는 유전적 원인에 대해서 얘기했는데, 이번에는 노화를 일으키는 환경적 요인에 대해 말해보고자 합니다. 현대 의학은 이제 노화를 생명체가 가지는 어쩔 수 없는 노쇠 현상이라는 생각에서 벗어나, 하나의 '질병'으로 인식하게 되었습니다. 노화가 운명이라면 순응할 수밖에 없지만, 만약 질병이라면 이에 대처해 막을 수 있는 가능성이 열리는 것이죠. 아직까지 정확한 원인은 모르지만 여러 가지 가능성들은 찾아냈죠.

첫째, 소모설이 있습니다. 이것은 생체를 기계에 비유하는 것이죠. 기계도 오래 쓰면 부품이 마모되고 접합부가 낡아서 고장이 잦아지는 것과 같이 인간도 세월의 흐름에 부대끼다 보면 아무래도 여기저기가 낡고 삐걱대기 마련인데, 그게 바로 노화라는 것이죠. 생체를 너무 오래, 그리고 험하게 쓰면 가동

영원한 젊음은 한낱 몽상인가?

율이 떨어져서 늙어버리고 결국은 죽게 된다는 것이 이 주장의 요지입니다. 이 학설은 그럴듯하긴 한데, 기계와 달리 생체는 고장이 일어나면 스스로 고칠 수 있는 재생 능력이 있다는 것을 완전히 무시하고 있습니다.

둘째로는 생체 에너지설이 있습니다. 이것은 유전자 운명설과 일맥상통하는 부분이 있기도 한데, 생체는 태어날 때 이미 어느 정도의 한계 에너지를 가지고 있다는 것입니다. 따라서, 이 에너지를 빨리 써버리면 빨리 늙어 죽게 되며, 적게 쓰면 그만큼 수명이 길어진다는 것이지요. 곤충이나 파충류들의 경우, 겨울잠을 자는 동안에는 대사율을 극도로 떨어뜨려 생명을 연장하곤 하지만 실제로 활동을 시작하면 고작 며칠, 또는 길어야 몇 달 후엔 생명을 소진해 죽어버리는 종류가 많아서 이 가설을 뒷받침해줍니다. 그러나 인간의 경우에는 예외가 많아서 확실하지 않은, 말 그대로 '가설'입니다. 특히 사람이 가지고 태어난다는 한계 에너지가 정확히 어느 정도인지에 대한 정보는 전혀 없으니까요(인간의 경우에도, 2m 이상의 지나치게

키가 큰 사람이 키가 작은 사람보다 수명이 짧다는 통계가 나와 있긴 합니다만).

셋째가 DNA 에러설입니다. 우리 몸의 세포는 끊임없이 분열을 합니다. 분열할 때마다 DNA 역시 복제되는데, DNA의 염기쌍은 각 염색체마다 적게는 5천만 개에서 많게는 2억 5천만 개쯤 존재합니다. 물론 DNA 합성 효소의 에러 발생율은 1천만분의 1 정도로 낮은 데다가 프루프 리딩(proof reading)이라고 하여 복제상의 에러 발생을 다시 확인하여 고치는 기능도 갖고 있지만, 워낙 많은 숫자를 복제하다 보니 어쩔 수 없이 에러가 생기게 마련입니다.

사람이 나이를 먹으면 먹을수록 세포 분열 횟수도 늘어나고, 그만큼 DNA상에 에러가 많이 축적되므로 결국은 그 스트레스를 이기지 못하고 세포가 죽게 되고, 그만큼의 수명이 정해진다는 것입니다. 또한 이런 DNA 에러들은 담배나 석면, 탄 음식 등에 섞여 있는 발암 물질, 각종 공해 물질, 방사선 등 외부의 해로운 물질에 많이 노출되면 훨씬 늘어나게 되는데, 이런 물질에 되도록 적게 노출되면 그만큼의 DNA 에러를 줄일 수 있어서 수명을 연장시킬 수 있다는 것입니다. 담배를 끊고, 맑은 공기를 마시고, 생식을 하면 건강해져 노화를 지연시킬 수 있다는 말은 이 설에 근거를 둔 이야기입니다.

넷째가 한동안 유명했던 '유해산소설/활성산소설'인데 이것은 활성화된 유리기 산소가 체내의 단백질을 산화시켜서 세포에 치명적인 영향을 준다는 주장입니다. 이 유해산소설을 유포시킨 건 화장품 회사인데, 여러분들도 TV에서 예쁜 모델들이 '유해산소로부터 피부를 보호'한다거나, '유해산소를 막아서 잔주름을 예방'한다는 화장품들을 들고, 사람들을 유혹하는 것을 보셨을 거예요. 그런데 좀 이상하지 않으세요? 살아가는 데 꼭 필요한 물질인 산소 없이는 단 1분도 견디기 힘든데 이렇게 중요한 기능을 하는 산소 때문에 사람이 늙고 죽게 된다구요?

이는 바로 산소 자체가 가진 엄청난 결합능력을 두고 하는 말입니다. 학자들은 아마도 원시 대기에는 산소가 없었을 것이라고 추정합니다. 원시 대기는 주로 수소, 메탄, 암모니아, 이산화탄소 등으로 구성되어 있었고, 여기에 번갯불에 의한 방전이 일어나면서 유기물이 생성되어 생명의 기원이 되었다는 이야기는, 1953년 밀러의 실험으로 증명되었죠. 여기서 생성된 코아세르베이트 같은 원시 세포체들의 생존과 번성을 위해 더 많은 유기물의 합성이 필요했습니다. 진화의 모든 과정이 그렇듯 원시 세포체들은 주변의 환경을 이용해 생존환경을 터득했습니다. 그들이 태어난 곳은 바다였고, 대기 중에 이산화탄소는 풍부했지만 산소는 없었으며, 태양의 직사광선은 그대로 지구로 내리쬐고 있었습니다. 물과 이산화탄소와 태양, 뭐가 떠오르세요? 네, 이들은 바로 식물이 광합성을 하는 과정에 꼭 필요한 요소들이랍니다. 아마도 원시 지구의 환경에서는 물과 이산화탄소와 태양빛을 이용해 광합성으로 유기화합물을 합성하는 남조류 등이 생겨날 수밖에 없었을 겁니다.

여기서 잠깐 광합성의 기본 공식을 간단히 설명하면,

$$물 + 이산화탄소 \xrightarrow{빛} 포도당 + 산소$$

$$H_2O + CO_2 \xrightarrow{빛} CH_2O + O_2$$

산소는 원래 광합성 생물들이 포도당, 즉 유기물을 합성할 때 생성되는 부가 생성물이었습니다. 세포 내 대사 과정에서 물(H_2O)을 분해하면 필연적으로 산소가 발생되게 마련이거든요. 산소는 물에 잘 녹지 않기 때문에 그대로 대기 중으로 날아가서, 지구상에 산소가 점점 축적되기 시작했습니다. 그러나 누구도 산소를 사용할 생각은 못했죠. 산소는 독성이 무척 강하거든요. 생물이 대사할 때 생기는 유리기(free radical) 형태의 반응성 산소종(reactive oxygen spieces)은 다른 물질과 결합하려는 성질이 매우 강하기 때문에, 발생 즉시 주변 물질, 특히 단백질과 결합하여 물질을 산화시키는 역할을 합니다.

산화는 뭘까요? 금속이 산화되면 녹스는 것이고, 단백질이 산화되면 부패하는 것이죠. 따라서, 초기의 미생물들은 산소의 이런 어마어마한 독성을 이겨낼 수가 없었기 때문에 산소를 사용하지 않는 광합성이나, 혐기성 화학합성으로 에너지를 얻어 생존할 수밖에 없었습니다. 그러나 광합성 생물들이 점점 늘어나서 이산화탄소를 먹어치우고 산소를 발생시키니, 산소는 자꾸만 늘어나서 결국에는 대기의 20%나 차지하게 된 반면, 이산화탄소는 겨우 0.3% 수준으로 떨어졌습니다. 또한, 산소는 독성이 강한 만큼 에너지 활성도 높기 때문에 생물체 중에는 이 위험하지만 매력적인 기체를 이용하려는

산소의 노화작용

시도가 생겨났습니다.

　지구상의 생물들은 이제 안전하지만 에너지가 모자란 상태에서, 좀 위험하지만 풍부한 에너지를 누릴 수 있는 산소를 이용하는 방법을 써보려고 시도하게 됩니다. 결국 생물들은 산소의 독성을 제거하면서 이를 이용할 수 있는 자체 방어 시스템을 가지도록 진화하는데, 그게 바로 에스오디(SOD, superoxide dismutase)라는 물질입니다. 이들은 주 구성물질로 아연(Zn)이나 망간(Mn) 등을 가지므로, 이에 따라 ZnSOD, MnSOD 등의 종류가 있습니다. 이들의 주요 역할은 세포 내 대사 과정에서 전자전달계에 사용하고 넘치는 유리기 산소가 다른 물질과 결합하여 산화시키기 전에 이들과 결합하여 안정한 형태로 바꾸어 독성을 제거하는 역할을 합니다. 이 SOD의 역할이 제대로만 이루어진다면 생물체는 산소를 마음놓고 이용하여 많은 에너지를 생성해낼 수 있습니다. 따라서, 현재 지구상의 생물 중에서 산소를 호흡하여 살아가는 모든 생명체들은 이 SOD를 가지고 있습니다.

앞서 말했듯이 유해산소(유리기 산소)는 그 강력한 산화 작용으로 인해 주변 세포들을 파괴합니다. 유해산소는 대사과정 중에 자연스럽게 발생하긴 하지만, 공해물질, 담배, 과도한 약물복용, 화학처리가 된 가공식품 따위의 '이물질'이 많이 들어가면 유해산소가 더 많이 만들어집니다. 왜냐구요? 이물질이 들어오면 아무래도 우리 몸의 화학 공정이 교란되기 쉽기 때문입니다.

게다가 우리 몸의 세포는 이물질을 처리하기 위해 장기간 가동을 하게 되고, 어쩔 수 없이 대사과정의 부산물인 유해산소도 필요 이상으로 생성됩니다. 또한 과식을 하거나 스트레스를 많이 받아도 유해산소가 많이 발생합니다. 많이 먹으면 그만큼 에너지를 많이 생산하게 되기 때문에 유해 산소의 양도 늘어납니다. 따라서, 소식을 하는 것은 생체를 덜 늙게 하고 생명을 연장시키는 효과가 있습니다. 생쥐 실험에서 보면, 일반 음식 섭취량의 70%만을 먹인 쥐는, 다른 쥐에 비해서 1.5배를 더 사는 것으로 나타났습니다.

결국 오래 살고 싶으면, 유해산소를 피해야 하고, 그 해악을 줄이려면 과식을 삼가며, 오염 물질이나 매연에서 벗어나고, 스트레스를 피하며, 적당한 운동을 하고, 신선한 야채와 과일을 즐기면 됩니다. 당연한 소리지만 불변의 진리인 것은 어쩔 수 없네요. 다른 건 다 제쳐두고서라도 그저 즐겁게 사는 것은 어떨지. 즐겁게 하루를 지내는 것만으로도 사람의 수명은 연장된다고 하죠. 너무 얼굴 찡그리지 마세요. 오랜 진화 끝에 애써 얻은 SOD가 효능을 발휘하지 못할지도 모르잖아요?

 관련 사이트

노화와 활성 산소 http://biowin.kribb.re.kr/pub/62vnt2.html
부산대 노화조직 연구실 http://home.pusan.ac.kr/~hychung
SOD에 대하여 http://www.mqrx.com/gateway/sod.html
밀러의 실험 http://www.accessexcellence.org/WN/NM/miller.html

2장 유전자의 진화

우리는 '생존 기계'다. 유전자라는 이기적인 분자를 보호하기 위해
맹목적으로 프로그램되어 있는 움직이는 로봇 같은 것이다.

- 리처드 도킨스, 『이기적 유전자』

생명체를 가장 생명체답게 하는 것, 그것은 바로 종족 보존을 위한 욕구일 것입니다. 자연에 존재하는 무생물들, 인간이 만들어낸 인공물들이 아무리 생명과 비슷해 보인다 할지라도 그들을 생명이라고 하지 않는 이유는 그들에겐 번식하고자 하는 욕구가 없기 때문입니다. 그저 그들은 묵묵히 견디며 낡고 부서져 갑니다. 만약 인간이 언젠가 생각할 수 있고, 자신의 몸을 지킬 줄 알며, 스스로를 복제하기 위해 번식에 열중할 줄 아는 피조물을 만들어낸다면, 아마도 우리는 그것을 '또 하나의 새로운 생명'이라고 부를 것입니다.

역질로 백성을 모두 잃은 아이아코스에게
새 백성을 내려주는 제우스

개미에서 태어난 미르미돈족

아이기나라는 곳은 제우스의 애첩의 이름을 따서 만들어졌지. 이에 화가 난 헤라는 아이기나에 치명적인 역질이 돌게 해 백성들의 목숨을 모두 빼앗았어. 아이기나의 왕 아이아코스는 신에게 기도했어.

"오, 제우스 신이시여, 대신께서 아소포스의 딸 아이기나를 사랑하셨다는 사람들 말이 사실이라면, 그리고 저 같은 것을 아들로 용인하는 것을 부끄럽게 여기지 않으신다면 제 백성을 살려주시거나 저 역시 백성들과 함께 묻히게 하소서."

그랬더니 제우스는 천둥과 번개로, 그의 기도를 들었다는 징표를 보여주었지. 마침 그 옆에는 제우스에게 봉헌한 참나무가 한 그루 있었어. 가만히 보고 있자니 개미들이 곡식을 한 알씩 물고 줄지어 참나무 껍질 사이로 난 길을 따라가고 있었어. 그는 그 수가 엄청나게 많은 것을 보고는 이렇게 중얼거렸지.

"오, 아버지시여, 저렇게 많은 신민을 저에게 내리시어 이 텅 빈 나라를 다시 채우게 해주소서."

그날 밤 그는 꿈을 꾸었어. 꿈 속에서 낮에 본 참나무 위의 개미들이 자꾸만 커지더니 이윽고 벌떡 일어서는 게 아니겠어? 한참 보고 있자니, 그들의 몸이 불어나고, 다리가 사람의 사지를 닮아가면서 점점 사람으로 변해갔어. 그는 그때 시끄러운 소리를 듣고 잠에서 깨어났지. 그는 소리가 나는 곳으로 나가 봤어, 이런 세상에!

꿈속에서 본 것과 똑같아 보이는 사람들이 왕궁 밖에 열을 지어 서 있었어. 그는 이들의 근본을 생각해서 이들을 '미르미돈'이라고 부르기로 했지. 이 미르미돈족은 개미의 성질을 그대로 닮아 힘든 일도 잘 해내고, 한번 얻은 것은 잃지 않으며, 부지런히 모으는, 아주 근검하고 소박한 족속이래.

당신은 강둑을 걷고 있습니다. 아, 저기 강물에 빠져 허우적대는 사람이 보이네요. 수영을 잘 한다면 뛰어들어 죽어가는 사람을 구해 내겠지만, 문제는 당신이 수영을 잘 못한다는 데 있습니다. 그래도 당신은 뛰어들까요?

『이기적 유전자』의 저자인 리처드 도킨스는 이 문제에 대해 명쾌한 해답을 보여주었습니다. 당신이 물 속으로 목숨을 걸고 뛰어들 확률은 물에 빠진 사람이 당신과 유전자를 얼마나 공유하는지에 비례한다고. 예를 들어, 친자식일 경우에는 당신의 정자 또는 난자가 이루어낸 개체이기 때문에 당신과 정확히 유전자의 절반을 공유합니다. 유성생식을 하는 인간의 특성상 당신의 유전자가 후세에 이어질 수 있는 가장 근접한 개체라는 점에서 당신이 목숨을 내걸 확률이 가장 높아집니다.

결국 인간이든 동물이든 이 세상의 모든 생명체들은 유전자를 다음 세대에 존속시키기 위해서 존재한다고 주장하는 것이 리처드 도킨스의 '이기적 유전자' 설의 핵심입니다.

그런 관점에서 개미 사회를 보면 상당히 재미있습니다. 이미 말했듯이 모든 개체들은 자신의 유전자를 가능한 한 많이 퍼뜨리려는 사명감을 염색체 속에 코딩한 채 살아갑니다. 그래서 자신의 자식이 중요하고, 아이를 낳고 싶다는 본능을 가지는 거죠.

그런데 개미 사회에서는 매우 흥미로운 현상을 볼 수 있습니다. 일개미는 자신이 암컷인데도 새끼를 낳는 대신, 어미(여왕개미[H])가 자매(또 다른 일개미)를 낳는 것을 목숨바쳐 돕습니다. 어째서 개미는 이기적인 자신의 유전자가 요구하는 것을 거부하고, 이타적인 행동을 하도록 진화한 것일까요? 과연 그 미물(微物)이 인간보다 훨씬 고등한 진화(이타적 행동은 진화의 정점입니다) 과정을 거쳤다는 것일까요?

여왕개미는 알을 낳는 일을 할 뿐입니다. 여왕개미는 수개미들과 혼인비행을 마치고 땅에 내려온 후, 작은 굴을 파고 들어가서 이젠 거추장스러워진 날개를 떼어내고, 알을 낳기 시작합니다. 알을 낳는 것은 영양분을 많이 요구하므로 먼저 떼어낸 자신의 날개를 먹습니다. 날개를 다 먹어치운 뒤에는? 이제 먹을 것이라곤 자신이 낳은 알밖에 없습니다. 여왕개미는 세 개의 알을 낳아, 두 개의 알을 먹어치운 뒤 다시 알을 낳아서 앞의 과정을 반복합니다. 몇 번을 반복하면 가장 먼저 낳은 알에서 일개미가 태어납니다. 큰딸은 태어나면서부터 할일이 많습니다. 알을 낳는 것 외에 아무것도 할 줄 모르는 엄마를 위해서 먹이를 물어 날라야 하고, 아직 태어나지 않은 동생들도 건사해야 합니다. 이렇게 어려운 시기가 지나고 동생들이 하나 둘 태어나기 시작하면 상황은 좀 나아져 이제 엄마는 딸들이 물어다 주는 먹이를 먹으며 더 이상 알에 손대지 않고 온전히 자식들 불리기에 몰두할 수 있게 됩니다. 또 하나의 개미 왕국이 탄생하는 것이지요.

'이기적 유전자'의 특성을
주장하는 리처드 도킨스

결론부터 말하자면 '아니올시다'입니다. 왜냐구요? 겉으로 보기에는 이타적인 행동이 가장 이기적인 유전자의 또다른 면이기 때문입니다. 이를 이해하기 위해서는 우선 개미의 생식 방법부터 알아야 합니다.

개미는 인간과는 좀 다른 방식으로 생식을 합니다. 인간의 경우 하나의 체세포 내에는 상염색체 22쌍과 성염색체 1쌍이 있어 모두 46개의 염색체가 들어 있습니다. 이에 비해 생식세포(난자와 정자)에는 절반인 23개의 염색체가 있습니다. 난자와 정자는 서로 결합해야만 비로소 존재가치가 있기 때문에, 각각 염색체의 절반씩을 나눠 가지고 있습니다.

상염색체는 남녀가 동일하지만, 성염색체의 경우 여성은 XX, 남성은 XY로 되어 있습니다. 따라서, 아이의 성(性)은 아빠가 결정합니다. 엄마는 성염색체 구성이 XX라 X염색체가 든 난자만을 만들수 있습니다. 엄마의 X난자와 아빠의 X정자가 만나면 딸, 엄마의 X 난자와 아빠의 Y정자가 만나면 아들이 태어나게 되며, 인간의 경우 아빠가 자식의 성을 결정하게 되지만, 어쨌든 모든 인간의 아이는 엄마의 난자와 아빠의 정자가 합쳐져서 생기므로, 양쪽 부모에게서 유전자의 절반씩을 물려받습니다.

개미는 암컷의 경우, 염색체가 2n으로 diploid(2개가 쌍으로 존재하는 유전자)이지만, 수컷은 n입니다. 즉, 암컷의 염색체수가 수컷에

이타적인 행동은 본래 이기적인 행동이다

비해 두 배가 많습니다. 개미의 경우, 여왕개미가 자식들의 성을 결
정하는 능력이 있어서 자신의 난자와 수컷의 정자
를 결합시키면 일개미가 태어나고, 미수정란만 처
녀생식시키면 수개미가 태어납니다.

여왕개미	○ ○
일개미	○ ●
수개미	●

　사람의 경우, 형제든 자매든 모두 부모의 유전자의 1/2씩을 공유
하므로 '1/2×1/2＋1/2×1/2＝2/4＝1/2', 즉 같은 부모의 자식이라
면 확률적으로 1/2의 유전적 유사성을 갖게 됩니다. 하지만, 일개미
의 경우 엄마에게서 1/2의 유전자를 받고, 아빠에게서는 모든 유전자
를 받게 되므로 같은 자매와의 유전자 유사성은 '1/2×1/2＋
1/2＝3/4' 이나 됩니다.

반면 수개미들과는 고작 1/4의 유전적 유사성만을 가집니다('1/2 ×1/2=1/4', 그래서인지 먹이가 부족하거나 겨울을 나야 할 때, 개미 사회나 같은 모계 사회 집단인 꿀벌 사회에서는 일도 못하고 유전적 유사성도 가장 적은 수개미나 수펄들을 대대적으로 학살하는 냉혹한 모습도 보여줍니다).

따라서 암컷 일개미의 입장에서 보면 어미를 도와 자매들을 출산케 하는 것(3/4)이 결국 자신이 직접 새끼를 낳는 것(1/2)보다 훨씬 많은 유전 정보를 전달할 수 있게 되는 것이기 때문에 자식을 포기한 그들의 행동은 유전자 수준에서 보면 이타적인 것이 아니라 지극히 이기적인 현상이랍니다. 또한 개미들은 자매들을 보호하는 것이 자신의 유전자를 존속시키는 데 가장 확실한 방법임을 알기 때문인지 집단을 위해서 자신을 종종 희생합니다. 그들에게 개체의 존재 유무는 집단을 떠나서는 생각할 수 없습니다. 개미 사회의 일원들은 마치 하나의 유기체를 이루는 세포와 같아서 인간의 몸 한 군데에 종양이 생기면 전체를 위해 그 부위를 도려내듯 집단을 살리기 위해 자신을 던집니다. 그들에게는 각각의 아이덴티티가 존재하지 않습니다. 단지 불멸을 위한 전체만이 존재할 뿐.

먼 옛날, 지구상의 생물들이 모두 단세포로 이루어져 있을 때 그들에게 생명은 영원한 것이었습니다. 그들은 끝없이 분열하여 영원히 존재하는 대신 각자의 특성은 따로 없었습니다. 생물이 진화를 거듭하며 성(性)을 가지게 되고 서로의 유전자를 섞어서 새로운 개체를 탄생시킴과 동시에 그들은 불멸성을 반납하고 죽음이란 생명의 단절을 숙명처럼 받아들입니다.

아이덴티티를 획득하는 대가로 불멸의 생명을 포기한 선조들. 그들 덕에 인간은 유한한 삶을 살게 되었으나 저마다의 개성을 가진 독특한 개체가 될 수 있었던 것이지요. 인간은 진화의 정점에 서 있습니다. 인간은 때로는 유전자를 존속시키고자 하는 행동을 포기하고 자식을 거부하는 사람들이 늘어나며 유전자 존속의 이유가 아님에도 이타적인 행동을 보여줍니다.

하지만, 아직까지 사회는 인간 행동의 변화를 따라가지 못하고 전체주의적 행동 양식을 보여줍니다. 국가와 민족에 충성하고 사회에 충실한 사람들, 개미처럼 전체 사회를 위해 자신을 희생하는 것을 당연하게 생각하는 사람들을 양성해내기 위해 애쓰고 있습니다. 인간의 개성이란 그 아이덴티티를 획득하기 위해 불사의 생명을 버릴 정도로 소중한 것인 만큼 누구의 개성이든 소중히 여겨야 합니다. 개인주의가 만연하고 세상이 각박해진다고 개탄하는 사람들이 많지요. 그러나 진정한 개인주의가 이 땅에 존재한 적이 있었는지 의심해봅시다. 전체주의를 표방하는 사람들이 자신들의 기득권을 유지하기 위해 많은 사람들을 단순한 세포 수준으로 생각하고 말 잘 듣는 운동기관쯤으로 여겼던 것은 아니었는지를 말이죠.

관련 사이트

진화론자들의 세계 http://my.dreamwiz.com/korean93

동아대학교 생물학과 박인호 교수 http://home.donga.ac.kr/~ihpark/lecture

《과학동아》『이타적 유전자』 서평

　　　http://www.dongascience.com/education/book_view.asp?no=259

 참고 도서

『**이기적 유전자**』, 리처드 도킨스(을유문화사)

『**이타적 유전자**』, 매트 리들리(사이언스북스)

스스로를 먹어치운 에리직톤

데메테르를 섬기는 요정에게 불경을 범하는 에리직톤.
결국 에리직톤은 이 일로 저주를 받아 비참하게 죽었다.

에리직톤은 데메테르 여신을 섬기던 요정을 욕보인 죄로 그만 여신의 진노를 사고 말았어. 여신의 저주로 기아의 고통에 시달리게 된 그는 자면서 먹는 꿈을 꾸기 시작했대. 에리직톤은 자면서도 입맛을 다시고, 이빨을 갈고, 음식을 삼키는 시늉을 했더라는 거야. 음식 대신에 바람만 잔뜩 들이마셨겠지만 말이야.

잠에서 깨어난 에리직톤은 미칠 것 같은 시장기를 느끼면서 정신없이 음식을 찾았어. 그는 하인들에게 땅과 하늘, 물에서 나는 먹을 것들을 닥치는 대로 장만해 오라고 명했대. 하인들이 음식을 차려놓았는데도 그는 배가 고프다고 죽는 소리를 했고, 먹으면서도 음식을 더 장만하라고 소리쳤지. 한 도시, 한 나라의 사람들을 능히 먹일 수 있는 음식도 그에게는 모자랄 정도였대. 먹으면 먹을수록 더욱 시장기를 느꼈으니까.

에리직톤의 재산은 하루가 다르게 줄어갔지만, 그에 비례해서 그의 허기는 점점 더 심해졌어. 급기야 그는 애지중지하던 딸까지 노예로 팔아서 먹을 것을 사들였지. 그러던 어느 날, 준비된 음식을 다 먹고도 성에 차지 않았던 에리직톤은 제 팔다리를 먹기 시작했어. 결국에는 그것도 모자라 제 몸을 모두 뜯어먹었지. 그렇게 스스로를 모두 먹어치우고 나서야 에리직톤은 끔찍한 저주에서 겨우 벗어날 수 있었다지.

영화 〈브리짓 존스의 일기〉에서 브리짓은 고민합니다. 데이트 중에 있을지도 모르는 핑크빛 일탈을 위해 섹시한 팬티를 입을 것이냐, 아니면 툭 튀어나온 똥배를 감추기 위해 체형 보정용 속옷을 입을 것이냐를 두고요. 이 부분에서 공감하시는 분들이 많을 것이라고 생각합니다. 이건 비단 브리짓만의 문제는 아닙니다. 요즘 들어 비만은 거의 '죄악' 취급을 당하거든요.

개그우먼 이영자 씨가 체중 감량에 성공한 것이 수술에 의한 것인지, 아니면 식이요법과 운동에 의한 것인지가 사회적 이슈가 되는가 하면, 모든 여성 잡지는 매달 다이어트에 대한 기사를 단골 메뉴로 삼고, TV 프로그램은 아예 뚱뚱한 사람들을 모집해 그들이 어떻게 고통을 참아가며 살을 빼기 위해 처절하게 노력하는지를 다분히 사디즘적인 시각에서 보여줍니다. 여기서 다이어트에 대한 획기적인 이야기를 바라시는 분들에게는 안됐지만, 운동도 하지 않고 맛있

This Year's Resolutions:
Stop smoking.
Stop drinking.
Find inner poise.
Go to the gym three times a week.
Don't flirt with boss.
Reduce thighs.
Learn to love thighs.
Forget about thighs.
Stop making lists.

Bridget Jones's Diary
Uncensored. Unshibited. Unmarried.

〈브리짓 존스의 일기〉에서 브리짓의 다짐.
허벅지(thigh)에 대한 이야기가 세 줄이나
차지한다.

는 음식을 다 먹으면서 살을 뺀다는 것은 절대 불가능하다는 사실을 알아두세요.

우리의 몸은 정직합니다. 먹은 만큼 에너지를 소비하지 않으면 살이 찌고, 섭취한 열량만큼 소비하면 살은 찌지 않습니다. 물론 아주 가끔은 신체 대사율이 떨어져서 먹는 것에 비해 유난히 살이 쉽게 찌는 특이 체질도 있긴 합니다만, 어쨌든 '다이어트 광풍(狂風)'이라는 말이 어울릴 정도로 우리 사회는 살을 빼기 위해 혈안이 되어 있습니다. 그럼 여기서 좀더 근본적인 문제로 넘어가봅시다. 왜 우리는 이렇게 쉽게 살이 찌는 걸까요?

서울대 동물행동생태학의 최재천 교수님은 모 일간지 칼럼에 이렇게 쓰셨더군요. 어떤 생명체도 아침에 눈뜨자마자 게으르게 누워서 먹이를 먹을 순 없다고. 백수의 왕 사자라도 고픈 배를 움켜쥐고 사바나를 뛰어다니며 먹잇감을 잡아야 합니다. 게다가 먹이가 늘 쉽게 잡히는 것도 아니지요. 자연의 삶에 있어서 굶주림은 일생의 동반자이며, 허기와의 싸움은 목숨을 건 사투입니다.

이런 척박한 환경에서 지방을 몸에 축적할 수 있다는 건 매우 중요한 형질이었을 겁니다. 1g당 자그마치 9Kcal나 되는 열량을 내놓는 지방을 몸에 축적하는 건 기아의 여신의 잔인한 손길에서 벗어나는 피난처가 될 수 있었을 테니까요. 우리의 유전자는 존속을 위해

78 유전자의진화

지방을 축적하기 쉬운 구조로 개체를 진화시켰을 것이고—또는 지방 축적이 용이한 존재들만이 자연 선택되었을 것이고—지방 축적이 잘되는 음식에 대한 선호도가 높아진 것은 당연한 순서였겠죠. 나트륨의 경우에도 마찬가지입니다. 체내 수분 함유량을 일정하게 유지하기 위해서는 나트륨에 대한 친화도 역시 높은 것이 생존에 유리했기 때문이죠.

그러나 세월은 흘러흘러 인간의 지능이 발달하고 생산성이 높아지면서 식량 문제는 더 이상 절박한 것이 아니게 되었죠. 물론 아직도 먹을 것이 없어 굶어죽어 가는 제3세계 사람들도 있고, 밥을 굶는 결식 아동들도 남아 있지만, 일단은 이 논의에서는 제외하기로 하죠. 인간은 아침에 눈뜨자마자 아침을 먹고, 그 에너지를 채 소비시키기 전에 또 음식을 섭취하죠. 과거와 비교해 보면 음식 섭취량은 늘었는데도, 운동량은 현저히 모자랍니다. 아직 우리의 유전자는 지방과 나트륨에 대한 친화도가 높은 편인데, 이제 이런 음식들은 넘쳐납니다. 지방이 듬뿍 들어 있어 부드럽게 씹히는 삼겹살, 기름에 튀겨 바삭바삭 짭짤한 감자튀김, 크림과 설탕과 버터가 양껏 들어간 케이크와 쿠키와 아이스크림…….

우리의 혀는 이런 음식을 아주 좋아하는 한편, 우리의 몸은 게으르게 늘어지는 것 또한 언제나 환영합니다. 이런 생활을 지속하다 보면 살이 안 찔래야 안 찔 수가 없죠. 하지만, 이 정도쯤이야 애교로 봐줄 수 있는데도 '살'이 문제가 되는 이유는 뚱뚱한 몸을 죄악시하는 사회 분위기 때문입니다. 오죽하면 다이어트와 연관된 산업은 절대 망하지 않을 것이라는 말까지 나오겠어요.

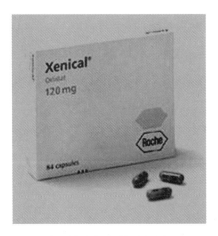

살빼는 약 제니칼. 사람들이 살을 빼기 위해 들이는
노력은 눈물이 날 만큼 처절합니다.

살을 찌게 만드는 주원인은 피하에 필요 이상으로 엉겨 붙은 지방 때문이라는 것이 알려진 후, 지방은 살빼기의 집중공략 대상이 되었습니다. 현재 시판중인 살빼는 약 '제니칼'은 섭취한 음식에서 지방이 흡수되는 것을 막아줍니다. 그 밖에도 홈쇼핑 프로에 단골로 등장하는 지방을 제거하고 포만감을 느끼게 한다는 각종 섬유소 정제들, 원푸드 다이어트, 핀란드식 다이어트, 황제 다이어트, 물 다이어트 등의 수만 가지 식이요법, 밴드 요법, 경락 요법, 침술, 운동 처방에 사우나, 심리 치료에 지방 흡입술까지 사람들이 살을 빼기 위해 들이는 노력은 눈물이 날 만큼 처절합니다.

물론 정상보다 체중이 더 나가면 움직임도 둔해지고, 무릎이나 발목뼈에 무리가 올 뿐 아니라, 각종 성인병의 발병 확률이 더 높아지기는 하지만 진짜 문제는 그게 아닙니다. 이 사회는 정상 체중보다 더 마른 몸을 요구하며, 살이 찐 것을 게으름과 저급함의 소치로 몰아붙입니다. 심지어는 뚱뚱한 것을 자신에 대한 투자가 부족했다고 받아들이기도 하지요. 그렇다면 도대체 살찌는 것을 그렇게 싫어하는 이유가 뭘까요?

여러 가지 이유가 있겠지만 저는 조금 다른 시각, 즉 생물학적인

먹어도 먹어도 배부르지 않는 고통(?)

관점에서 이 문제를 바라보고자 합니다. 요즘은 과거에 비해 미(美)의 기준이 바뀌었다는 이야기를 많이 듣습니다. 과거에는 통통하고 부드러운 몸이 인기가 있었다면, 현대 사회에서는 늘씬한 팔다리와 군살을 허용하지 않는 몸이 각광을 받고 있지요. 즉, 현대 사회에서는 지방 축적 능력이 없는 체격이 선호되는 것입니다.

동물 세계에서 아름다움은 철저히 유전자에 종속됩니다. 즉, 자신의 유전자를 후대에 제대로 전달할 수 있는 '능력'이 곧 '아름다움'이지요. 공작의 꼬리깃은 색깔이 선명할수록 건강 상태가 좋고, 기생충의 침탈에 강한 면모를 보여줍니다. 뿔이 크고, 엄니가 튼튼하며, 발톱이 날카로울수록 적으로부터 살아남을 확률이 높아 유전자의 영속력을 높여줄 수 있습니다. 그리고 그런 '강한 유전자를 지닌 개체'가 곧 '아름다운 개체'와 동의어로 받아들여지죠. 인간 세계도 그리 다를 바 없습니다. 모네나 르느와르의 그림에 나오는 터질 듯 통통한 몸매의 여인들을 기억하시나요? 하지만 당시 대부분의 여성들은 극심한 영양실조로 누렇게 뜨고, 결핵에 걸려 바짝 말라 있는 게 보통이었기 때문에, 풍만한 여성이 '우성'이었습니다. 그래야 에너지가 많이 소비되는 임신과 출산과 수유와 육아를 해낼 수 있었을테니까요.

지금의 인간 사회는 어쩌면 과도기에 놓여 있다는 생각이 듭니다. 이제 선진국에서는 더 이상 굶주림 자체가 문제가 되지는 않습니다. 유전자도 이러한 시대의 변화를 각성하는 것이 아닐른지……. 이대로 지방을 축적하는 능력이 뛰어난 개체만을 남겨둔다면 곧 넘쳐나는 지방덩어리에 깔려 죽어버릴 수도 있다는 생각을 하는 것은 아닐까요?

자, 이제 유전자는 선택의 기로에 서 있습니다. 다시 형질을 솎아내야 할 필요성을 느낄지도 모릅니다. 가장 간단한 방법은 미에 대한 기준, 즉 성적 매력의 기준을 바꾸는 것입니다. 요즘 사회의 전반적인 경향은 표준 체중보다도 가벼운, 마른 사람을 선호합니다. 즉, 지방 축적 능력이 결여된 개체를 선택하는 것이지요. 이러다가 인류는 아무리 먹어도 절대로 살이 찌지 않는 체질의 사람들만이 자연선택되는 건 아닐까요? 미래사회를 그린 영화 〈가타카〉에 나오는 사람들은 모두 키가 크고 늘씬합니다(그래서 주인공이 잘 빠진 몸과 깎은

듯한 얼굴로 대변되는 우마 서먼과 주드 로입니다). 우리는 그러한 몸
이 아름답다고 여기면서 자신도 모르게 스스로를 솎아나가고 있는
지도 모릅니다.

 관련 사이트

제니칼 제조원, 로슈 사 http://www.roche.com, http://www.roche.co.kr
최재천 교수의 홈페이지 http://plaza.snu.ac.kr/~biology/behavior/professor.html
〈브리짓 존스의 일기〉 홈페이지 http://bridgetjonesdiary.movist.com/film

하늘로 올라가 청춘의 여신 헤베와
결혼한 헤라클레스

헤라클레스의 죽음

이윽고 불길은 힘을 얻어 사방으로 혀를 날름거리면서 그 불길을 두려워하지 않던 영웅의
사지를 태우고, 그 불길을 가볍게 여기던 영웅의 몸을 태웠대. 천궁의 신들이 지상의 왕자였던
헤라클레스의 죽음을 애석하게 여기자 제우스 대신은 이런 말로 그들을 위로했지.

"슬픔에 잠긴 그대들의 얼굴을 보니 내 마음이 흡족하오. 그러나 그대들이 온 마음으로 슬
퍼해야 할 일만은 아니오. 저 오이타 산에서 타오르는 불길을 두려워하지 마시오. 모든 것을 정
복한 헤라클레스는 그대들이 바라보고 있는 저 불길까지 정복할 것이오. 저 헤파이스토스의 권
능이 태울 수 있는 것은 저 아이가 제 어머니로부터 받은 것뿐이라오."

신들은 모두 제우스의 말에 갈채를 보냈대. 헤파이스토스가 헤라클레스의 몸에서 불에 탈
수 있는 것을 모조리 털어내자 이 영웅의 형상은 그를 떠났다지. 어머니로부터 받은 것은 하나
도 남아 있지 않은 영웅의 모습, 오로지 아버지 제우스에게서 받은 것으로만 이루어진 영웅은
뱀이 낡은 껍질을 벗듯이 필멸의 육체를 벗고 불사의 몸으로 거듭났던 거지.

유전자 각인

아기가 태어나면 사람들은 흔히 그 얼굴을 보며 눈은 아빠를 닮았네, 코는 엄마를 닮았네 하며 아기가 부모 중 누구를 닮았는지에 대해 이야기꽃을 피웁니다. 엄마의 난자와 아빠의 정자가 절반씩의 유전자를 가지고 합체되어 아이가 태어나기에, 갓난아기가 부모를 닮는 것은 당연하겠지만, 정말 부모에게서 자식에게로 꼭 자로 잰듯 절반씩만 유전되는 걸까요? 때로는 엄마, 아빠 중 한쪽만 닮은 아이도 태어나잖아요. 그렇다면 엄마한테서만, 또는 아빠한테서만 유전될 수도 있지 않을까요?

대표적인 것은 성염색체상에 있는 유전자들입니다. 성염색체는 여자는 XX, 남자는 XY 형태를 띠기 때문에 다르게 유전될 수밖에 없어서, 이런 성염색체상에 존재하는 유전자들은 부모 중 어느 한쪽에서만 유전물질을 받게 되는 것이죠. 성염색체를 제외한 나머지 염색체들을 상염색체라고 하는데, 원칙적으로 아빠와 엄마에게서 똑같은 것을 받아서 쌍을 이루기 때문에 어느 쪽이 아빠 것인지 어느 쪽이 엄마 것인지 상관없는 경우가 대부분입니다. 그렇지만 모든 유전자가 다 그런 것은 아닙니다. 수는 적지만, 상염색체상에서도 엄마 쪽인지 아빠 쪽인지를 구별하는 유전자가 있다는 것이 최근 유전학에서 밝혀졌답니다. 바로 '지노믹 임프린팅(Genomic Imprinting)' 이라는 것이죠.

지노믹 임프린팅, 우리말로 번역한다면 유전적 인식 복사(遺傳的 認識 複寫)라고 하는데, 말 그대로 똑같이 생긴 상염색체상의 유전자를 부계와 모계로 나누어 인식해서 특정 유전자를 발현하거나 억제하는 유전 방식을 일컫는 것이죠. 쉽게 말하면 엄마와 아빠의 유전자가 똑같이 기능하는 것이 아니라, 이건 아빠의 것, 저건 엄마의 것, 하는 식으로 유전자를 구별하여 같은 유전자임에도 어느 쪽에서 왔는지에 따라 기능을 제대로 할 수도 있고 안 할 수도 있다는 겁니다. 사실 지노믹 임프린팅이 적용되는 유전자는 겨우 20~30종이기는 하지만, 그 진화적 방식이 매우 흥미로워서 학자들의 관심을 끌고 있습니다.

지노믹 임프린팅은 유전병을 연구하던 중 우연히 발견되었습니다. 유전병 중에 프래더-윌리 증후군(Prader-Willi Syndrome)과 안젤만 증후군(Angelman Syndrome)이 있습니다. 프래더-윌리 증후군은 성격장애와 지능장애, 학습장애, 그리고 도벽과 폭력성향을 보이는 유전병의 일종이며, 안젤만 증후군은 '천사'라는 별칭에 걸맞게 낮은 지능으로 인한 멍한 표정과 천사처럼 늘 웃는 듯한 표정이 특징인 유전 질환입니다. 이 두 질환은 서로 전혀 다른 양상을 보이

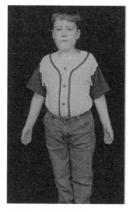 

프래더-윌리 증후군 환자　　　안젤만 증후군 환자

기에 이름도 다르게 붙여져서 보고되었고, 각각 다른 질환으로 인식
되었습니다. 그러나 20세기 말, 분자생물학적인 기법이 발전되면서
이 병을 일으키는 고장난 유전자를 찾을 수 있게 되었습니다. 그리
하여 학자들은 당장 이들의 유전적 결함을 찾아나섰는데…….

　세상에나……. 이 두 질병의 원인이 모두 똑같은 유전자가 고장
났기 때문이라는 사실이 밝혀진 겁니다. 학자들은 고민했어요. 실험
을 잘못한 것인지, 똑같이 보이지만 실제로는 다른 유전자인지, 혹
시 누군가가 자신들을 음해하려고 공작하는 것은 아닌지 등등…….
하지만, 아무리 실험에 실험을 거듭해도 두 유전병을 일으키는 유전
자는 같다는 결과만 반복되어 나왔습니다. 자, 이게 대체 어떻게 된
일일까요?

　학자들이 머리를 싸매고 연구한 끝에 발견한 유일한 차이라면,
프래더-윌리 증후군은 아버지 쪽의 유전자가 잘못된 것이고, 안젤만

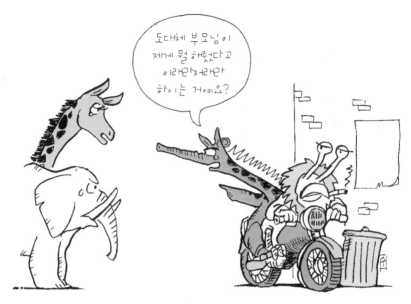

자식은 부모를 닮는다

증후군은 어머니 쪽의 유전자가 잘못된 것이었습니다. 그런데 어떻게 이런 일이 있을 수 있지? 서로 똑같아서 한 쌍을 이루는 상염색체도 부모 중 어느 쪽에서 왔는지가 중요하단 말이야? 그렇다면 남자와 여자에게서 서로 다르게 발현되는 유전자가 또 있을까? 과학자들은 한다면 합니다. 그들은 궁금한 것을 못 참는 사람들이거든요.

정자(n)＋난자(n)＝수정란(2n)? 그럼, 정자 2개나 난자 2개를 끼리끼리 더해도 2n이잖아? 그럼 이 상태로는 발생이 안 될까?

실제로 그들은 정자와 정자 또는 난자와 난자를 서로 더해서 2n을 만들어 핵을 뺀 난자에 이식해 발생을 진행시켜 보았죠(이건 인공복제를 하는 과정과 같은 핵치환 기술을 이용했습니다). 그랬더니 결과가?

신기하게도 둘 사이에는 차이가 있었습니다. 정자 두 개를 결합시킨 경우에는 크기가 지나치게 커지고 근육이 비대해져 통제가 불가능하도록 마구 자라나는 반면, 난자 두 개를 결합시킨 경우에는 제대로 자라지도 않을 뿐더러 허약해서 쉽게 죽어버리는 거예요. 즉 정자 혹은 난자만으로는 정상적인 개체 발생이 불가능했던 거죠. 그렇다면 왜 이런 일이 일어날까요? 쉽게 생각하면, 정자에는 개체를 크게 만드는 유전자가 존재할 것이고, 난자에는 반대로 크기를 작게 하는 유전자가 존재할 것같지만, 정자와 난자는 성염색체를 제외하고는 서로 똑같은 유전자를 가지고 있으므로 이 생각은 틀렸죠. 그렇다면 나머지 가능성은? 정자든 난자든 크기를 크게 하는 유전자와 작게 하는 유전자가 동시에 존재하지만, 크기를 크게 하는 유전자는 남성에게서, 크기를 작게 하는 유전자는 여성에게서 우성으로 발현된다고 생각할 수밖에요.

그렇다면, 어째서 이런 식으로 유전이 진행되어 왔을까요? 그 이유를 밝히기에 앞서 다른 실험 이야기를 하나 하고 넘어가지요. 어느 날, 과학자들이 여느 때처럼 쥐를 대상으로 유전 실험을 했는데, 특정 유전자가 고장나면 태어난 새끼들이 얼마 못 살고 죽는 것을 발견했어요. 그래서 새끼들에게 뭔가 이상이 있으려니 하고 검사를 했는데, 그들은 별 이상이 없었죠. 정상인 새끼들이 자꾸 죽어나가자 의아해진 과학자들은 아직 숨이 붙어 있는 같은 어미에게서 난 형제들을 다른 유모에게 넘겨주었지요. 그랬더니 새끼들이 아무런 문제 없이 잘 자라는게 아니겠어요?

살펴본 결과, 이상은 새끼에게 있는 게 아니라, 어미 쪽에 있었대요. 어미가 낳아놓기만 하고, 새끼에게 젖도 안 물린 채 내버려둔 것이었어요. 포유류 새끼는 어미의 보호가 절대적으로 필요한데 돌보지를 않으니 당연히 얼마 못 살고 죽을 수밖에요. 여기서 학자들은 모성애도 유전자가 지배하는 행위의 일종이라는 것을 밝혀냈습니다. 모성애라는 지고지순한 감정도 고차원적인 수준이 아니라, 더욱 근원적인 유전자 수준에서 이미 관할하고 있다는 것을 말이에요.

　왜 이렇게 지겹게 모성애 유전자를 이야기하느냐구요? 이 모성애를 유발하는 유전자 역시 지노믹 임프린팅의 대표적인 예거든요. 그럼, 모성애 유전자는 엄마, 아빠 중 어느 쪽에서 온 것이 효력을 발휘할까요? 재미있게도 모성애 유전자의 근원은 아빠랍니다. 수컷의 경우, 자신의 새끼가 어디서 태어나서 어떻게 자랄지 모르는 경우가 허다합니다. 번식기가 되면 한 번 만나서 사랑을 나누고 헤어지면 남남인 경우가 많으니까요. '이기적인' 유전자는 어떻게든 증식하려 하기 때문에 자신의 새끼를 키우고, 그놈이 제 구실을 할 만큼 잘 자라서 널리널리 새끼를 퍼뜨려야 합니다. 그러기 위해서는 어미의 보호가 절대적으로 필요하다는 것을 유전자는 알고 있었던 거죠.

　앞에서 이야기했던 정자와 난자에서의 크기를 관장하는 유전자 역시 이런 점에서 이해할 수 있습니다. 수컷의 입장에서는 타인의 몸을 빌려서 태어나야 하는 자신의 새끼가 크고 튼튼하고 빨리 자라야 살아날 확률이 높지만, 암컷의 입장에서 보면 크기를 줄이고 발육을 억제시켜도 태어날 수 있는, 생명력 질긴 새끼를 낳기 위해서 이런 방식의 유전 형태로 진화해온 것이죠.

모성애 역시 마찬가지입니다. 암컷의 입장에서는 태어난 새끼가 비실거리면 힘들여 키울 이유가 없습니다. 키우다 쉽게 죽을 수 있으므로 굳이 정성을 들일 필요가 없죠. 대개의 포유류 암컷들은 새끼를 키우는 동안, 즉 젖을 물리는 동안은 임신이 되지 않으므로 강한 새끼만을 골라서 키우는 게 효율적이라고 봅니다. 하지만, 수컷의 입장에서는 모성애가 발동해줘야 자신의 새끼가 못 나고 덜 똑똑하더라도 그저 엄마니까, 하는 마음에 키워줄 거 아니겠어요. 그래서 모성애 유전자는 아빠 쪽의 것이 발휘된답니다.

암컷이든 수컷이든 유전자의 이기심이란 정말 잔인할 정도지요. 도덕적인 관념에서 생물학을 이해하기란 쉽지 않습니다. 자연의 세계는 냉정하고, 한치의 동정조차 없는 세계입니다. 그곳에서 살아남기 위해서는 강해져야 하고, 힘을 가져야 하죠. 인간은 약자를 돌보면서 진화의 굴레를 벗어나기 시작했다고 생각합니다. 인간이 자연의 굴레를 끝내 벗어나지 못하고, 약육강식과 적자생존의 자연법칙에 종속되어 살아가게 될지, 아니면, 진화의 고리를 스스로 끊고 또다른 '자연'을 만들어갈지는 아무도 모르는 일입니다.

 관련 사이트

프래더-윌리 증후군 http://www.ncbi.nlm.nih.gov/disease/prader.html
안젤만 증후군 http://www.ncbi.nlm.nih.gov/disease/angelman.html
지노믹 임프린팅 http://www.ucalgary.ca/UofC/eduweb/virtualembryo/imprinting.html
모성애 유전자 http://www.kordic.re.kr/~trend/Content309/biology35.html

아르고스의 눈이 공작의 꼬리에 깃들인 사연

아르고스의 눈을 수습하여 공작의 깃에 달아주는 헤라

아름다운 강의 요정 이오는 제우스의 눈에 들었다는 이유로 헤라의 진노를 사서, 그만 암소의 모습을 한 채 눈이 백 개나 달린 아르고스의 감시를 받고 있었지. 아르고스는 백 개의 눈으로 쉼없이 이오를 감시하고, 거친 풀을 먹으며 괴롭혔어.

애인의 이런 처지를 측은해하던 제우스는 아들 헤르메스에게 아르고스를 잠재우고 이오를 풀어주라고 명령했지. 잠잘 때도 한두 개의 눈은 반드시 뜨고 있는 아르고스를 잠재운 건 헤르메스가 들려준 시링크스(피리의 일종)의 아름다운 선율에 더해진 슬픈 전설이었지. 쉬링크스의 곱고 나즈막한 가락에 드디어 아르고스의 백 개의 눈이 모두 감기자, 헤르메스는 잠시도 지체하지 않고 초승달 모양의 칼을 뽑아 아르고스의 목을 베어버리고는 자신의 임무를 완수했지.

나중에 이 사실을 알게 된 헤라는 아르고스의 눈을 모두 모아 자기의 신조인 공작의 깃과 꼬리에 달아주었어. 헤라의 질투야 유명하니까 이오는 그 뒤에도 꽤 고생을 해서, 결국 제우스가 나서서 진정시킨 뒤에야 간신히 자신의 자매들에게 돌아갈 수 있었다지.

10

진화의 붉은 여왕

어릴 적 동물원에서 본 여러 가지 동물들 중 가장 눈길을 끄는 것은 기다랗고 무거운 꼬리를 질질 끌고 다니는 공작새였습니다. 공작은 덩치에 걸맞지 않은 꼬리깃 때문에 오히려 더 볼품없어 보이는 새입니다. 그러나 그 꼬리깃을 활짝 펼치는 순간, 작고 초라한 새는 순식간에 위풍당당하고 근사한 귀족으로 변모합니다. 그렇다면 공작은 엄연히 '새'인데 날지도 못하면서, 왜 그런 커다랗고 화려한 꼬리를 가지게 되었을까요? 옛사람들도 그것이 궁금했나 봅니다.

여러분들도 특히 길고 아름다운 꼬리깃을 활짝 펴고 당당하게 고개를 들고 있는 수컷을 한 번쯤은 보셨을 거예요. 공작의 수컷은 이렇게 화려하고 자기 과시적인 반면, 암컷은 수수하고 볼품없이 생겼답니다. 많은 종류의 동물들이 화려한 수컷과 수수한 암컷으로 구성되어 있습니다. 장끼와 까투리, 수탉과 암탉 역시 그렇습니다. 그런데, 이렇게 암수의 모양이 현저하게 다른 동물들을 살펴보면 대개의 경우 일부다처제를 이루는 경우가 많습니다. 이것은 그들이 어떻게 종족을 보존하는 방식을 선택했느냐에 따른 진화의 결과인 것이죠.

공작 역시 일부다처제를 유지하는 종족입니다. 이런 사회에서 수컷은 많이 존재할 필요가 없습니다. 생태학에서는 새끼를 직접 낳을 수 있는 암컷의 숫자가 절대적으로 중요합니다. 따라서 야생생태학의 경우, 가임 가능한 암컷이 몇 마리 있느냐에 따라 그 집단의 크기를 결정하곤 합니다. 가임 가능한 건강한 암컷만 많다면 크고 강하고 생존력이 질긴 유전자를 지닌 수컷은 몇 마리만 있어도 충분합니다 (이론상으로는 훌륭한 유전자를 지닌 수컷은 한 마리만 있어도 가임 가능한 암컷들이 충분히 있다면 그 집단은 다음 세대에 번성하게 될 것입니다). 공작은 날지 못합니다. 그렇다고 해서 타조나 에뮤처럼 빨리 달리고 덩치가 커서 적들이 함부로 덤비지 못할 만큼 위협적인 것도 아니고, 순발력이 좋아서 재빨리 움직일 수 있는 것도 아닙니다.

꼬리깃이 화려하고 길수록 암컷을 유혹하는 데는 좋지만, 생존에는 전혀 도움이 되지 않을 뿐더러 오히려 유사시에는 거추장스러울 수밖에 없습니다. 그런데도 왜 숫공작들은 기를 쓰고 무거운 꼬리깃을 매달고 다닐까요?

꼬리깃이 화려하고 무거우면 그만큼 생존 확률은 떨어집니다. 그렇지만, 이것은 거꾸로 말하면 크고 잘생긴 꼬리깃을 가진 수컷일수록, 이런 낮은 생존 확률에도 성체가 되어 생식이 가능한 순간까지 살아남았다는 것은 그 유전자가 그 핸디캡을 보상할 만한 '힘'을 가지고 있다는 증거가 됩니다. 더군다나, 공작을 해부해보면, 꼬리깃의 색이 유난히 선명하고 아름다운 것일수록 내장에는 온갖 기생충들이 득시글거린다고 해요. 기생충의 침입에도 불구하고 그런 아름다운 색을 낼 수 있다는 것은 그 개체의 면역력이 다른 것들에 비해 월등하고 매우 건강하다는 것을 나타냅니다.[H]

　이제 왜 공작의 암수의 모양이 그토록 다른지, 그리고 수컷만이 그렇게 화려하게 진화해왔는지에 대한 의문이 풀립니다. 암컷의 경우, 새끼를 전담해서 키워야 하기 때문에 거추장스런 꼬리는 필요없습니다. 오히려 주변의 풀숲과 흙빛과 닮은 보호색을 가져야만 천적의 눈을 피해 새끼를

> 진화학에서는 기생생물과 숙주와의 관계를 레드퀸 이론(Red Queen theory)이라고 부른답니다. 〈이상한 나라의 앨리스〉에서 앨리스는 붉은 여왕(red queen)의 왕국에 가게 됩니다. 그곳에서는 누구나 전속력으로 뛰어야만 하죠. 그렇게 하지 않으면 뒤로 밀려나 버리거든요. 기생생물과 숙주도 마찬가지입니다. 기생생물은 어떻게든 숙주에 들러붙으려 하고, 숙주는 어떻게든 이들에게서 벗어나려고 하니 그들의 관계는 늘 뛰어야만 제자리를 유지할 수 있는 붉은 여왕의 왕국과 똑같거든요.

안전하게 키울 수 있기 때문에, 수컷에 비해 볼품없는 모습으로 진화해왔을 겁니다. 하지만 수컷의 경우, 자신의 유전자를 존속시키기 위해서는 어떻게든 '뛰어야' 했습니다. 좀더 화려하고 아름다우면 천적의 눈에도 띄기 쉽겠지만, 암컷 역시 자신을 쉽게 찾을 수 있을 테니까요. 숫공작들은 자신의 유전자를 후대에 전달시키기 위해 목숨을 걸면서 자신을 드러내 보이는 눈물겨운 노력을 하고 있는 셈입니다.

　반면에 깃털색이 다르지 않은 경우, 즉 암수가 똑같이 생긴 동물

수컷의 자기 과시

들, 예를 들어 앵무새를 봅시다. 그들은 일부일처제를 유지하며, 평생 같이 삽니다. 이런 새들의 경우, 짝이 죽으면 살아 있는 다른 한마리도 시름시름 앓다가 죽어버리는 경우가 종종 있습니다. 암수의 모양이 다른 새들은, 그런 경우 대개 새로운 짝을 찾아나서는 것과는 대조가 되지요.

공작새는 신화 속의 아르고스의 허망한 운명처럼, 잔인한 생존 경쟁을 통해 지금껏 살아온 존재이며, 앞으로도 그렇게 살아갈 것입니다. 진화란 생존의 처절한 투쟁이고, 우리는 그 투쟁의 정점에서 생태계를 유린하며 살아가고 있음을 부인할 수 없지요. 그렇다면 과연 우리는 어떠한 방식으로 살아가고 있을까요? 우리는 앵무새의 생존 방식을 아름답다고 여깁니다. 서로를 위하고 서로의 부족한 부분을 채워주며 살아가는 삶. 하지만, 지금껏 우리는 공작의 생태처럼 살아온 건 아닌가 하는 생각이 듭니다. 우리 역시 암수의 모양이 다른 생물종에 속하니까요. 공작의 방식이든 앵무새의 방식이든 생존 방식에 옳다 그르다 판단을 내릴 기준은 없습니다. 다만, 그들이 생존을 위해 처절하게 노력해왔으며 그만큼 소중한 삶을 살아가고 있다는 것을 알아두면 되겠지요. 거기서 조금 더 생각한다면, 우리 인간은 어떻게 살아갈 수 있을 것인가. 우리는 자연이 수천만 년 동안 진화해온 모양을 단시간에 따라잡을 수 있는 능력을 가지고 태어났습니다. 이제 우리가 앞으로 살아가게 될 방식은 어느 쪽을 닮게 될까요?

 관련 사이트

생태학 가상 강의실 http://inhavision.inha.ac.kr/~ghcho/bbs

서울대공원 사이버 동물백과 http://grandpark.seoul.go.kr/zoo/cyber.jsp

아탈란테와 히포메네스의 경주

아름다운 처녀 아탈란테는 혼자 사는 것이 좋다는 신탁을 받았어. 그녀는 자신의 운명을 받아들이려 했지만, 빼어난 그녀의 아름다움은 그녀를 그냥 내버려두지 않았지. 사방에서 청혼자가 줄을 이었고, 그들을 거절하는 것도 한계가 있었기에 그녀는 혹독한 조건을 내걸었어.

"나와 달리기를 겨뤄서 나를 이기면 그 상으로 나를 신부로 맞게 하겠습니다. 그러나 지면 그때는 목숨을 내놓아야 합니다."

그녀는 여신의 권능으로 누구보다도 빨리 달릴 수 있는 능력이 있었기에 결혼을 꿈꾸며 경주에 참가한 수많은 청년들은 모조리 경주에 패해 목이 잘리고 말았어. 이 소문을 듣고 경주를 보러 온 히포메네스는 아탈란테의 미모에 반해 목숨을 거는 청년들을 아주 한심하게 생각했어. 하지만, 아탈란테가 경주를 위해 웃옷을 벗는 모습을 본 순간, 그는 그들의 마음을 이해했어. 그녀는 이 세상 사람이라고 생각되지 않을 정도로 아름다웠거든.

결국 히포메네스 역시 그녀와의 경주를 신청했어. 경기장에 도착한 아탈란테는 그를 보고 한숨을 쉬었어. 그녀 역시 젊고 생기있는 이 청년에게 호감이 있었던 거야. 어떤 남자도 자신을 이길 수 없다는 걸 알고 있는 아탈란테는 경주를 해서 그의 목숨을 빼앗는 것이 미안했어.

드디어 경주가 시작되었어. 역시나 아탈란테는 히포메네스를 앞질러 달리기 시작했어. 그때, 히포메네스는 미리 준비했던 황금 사과를 꺼내 아탈란테 앞에 던졌어. 발밑을 지나 굴러가는 황금 사과를 본 순간, 아탈란테는 망설였지. 황금 사과는 탐이 났지만, 그걸 주우러 뛰어가면 경주에 이길 수 없잖아. 자, 과연 아탈란테는 어떤 선택을 했을까?

11

유전자의 도박

우리는 살아가면서 수많은 선택의 기로에 놓입니다. 그 아슬아슬한 기회의 순간에서 사람들은 어떤 쪽을 선택하는 것이 더 이익이 되고 더 유리할지를 머리를 굴려 살펴보고, 결국 자신에게 더 낫다고 생각되는 쪽을 선택하기 마련입니다. 그러나 세상사가 뜻대로만 되지는 않는 법. 때로는 잘못된 선택을 하는 경우도 있고, 때로는 하나를 얻기 위해 다른 하나를 포기해야 하는 경우도 있습니다.

우리의 유전자 역시 수억 년 동안 진화의 터널을 통과하면서, 끊임없이 변화하는 환경에서 살아남기 위해 수많은 선택을 했을 것입니다. 대개는 최선의 선택을 한 경우가 환경에 대한 적응성을 높여주어 생존에 유리한 방향으로 작용했겠지만, 때로는 잘못된 선택을 하기도 했고, 하나를 선택하기 위해 다른 하나를 버려야 하는 도박을 하기도 했습니다.

적자생존의 기본적 원칙으로 인해 유전자의 진화는 분명 '진보'

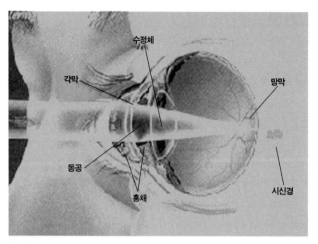

눈의 구조

쪽으로 쏠립니다. 그래서 사람들은 흔히 착각을 합니다. 즉, 생물의 특성은 반드시 훌륭한 것만이 선택되고 진화할 것이라고 생각하는 거죠. 물론 그런 경우가 많긴 합니다. 자연 선택과 약육 강식의 생태계에서는 좀더 나은 형질의 유전자를 가진 개체가 환경에 적응하는 능력이 뛰어나 살아남을 확률이 높기 때문입니다.

하지만, 여기서 간과해서는 안 될 것은 '확률이 높은 것뿐이지 절대적이지는 않다' 라는 겁니다. 대표적이고도 재미있는 사례가 바로 우리의 '눈' 입니다. 40~50대가 되면 어느 날 아침, 갑자기 한쪽 눈이 안 보이거나 커튼에 가려진 것처럼 양쪽 시야가 흐려지는 현상이 가끔 생깁니다. 그런 경우 즉시 병원에 가야 합니다. 망막의 혈관이 떨어지는 경우니까요.

빛은 눈의 가장 표면에 있는 각막을 지나 수정체를 통과하여 안

흠—한번에
골라야 한단 말이지?

여성의 고민-최고의 정자를 골라라!

쪽의 망막에 상을 만들어 우리가 '볼 수 있게' 합니다. 카메라와 같은 원리지요. 차이가 있다면 카메라는 건전지의 에너지원을 이용해 움직이지만 우리의 눈은 영양분이 필요하다는 것입니다. 따라서, 그 영양분을 공급해주기 위해서는 혈관들이 눈에 분포해야 합니다. 게다가 '본다' 라는 감각은 에너지가 많이 소비되는 일이기 때문에 그만큼 많은 혈관이 필요하지요.

그런데 문제는 이 혈관들의 분포입니다. 이들이 망막의 바깥쪽에서 망막을 감싸고 있으면 아무런 문제가 없겠지만, 인간의 눈에서는 어째서인지 이 혈관이 망막의 안쪽, 즉 수정체와 망막 사이에 존재하는 형태로 진화해왔습니다.

망막의 안쪽에 혈관이 있으니 당연이 시야가 가려집니다. 망막에 혈관이 비치기 때문이죠. 눈은 이런 시야의 노이즈를 제거하기 위해 늘 미세하게 떨리고 있습니다. 고정된 창살은 시야를 가리지만, 차를 타고 속력을 내면 창살이 마치 없는 것처럼 너머의 풍경이 보이는 경우를 생각해보세요. 그래서 눈은 시야의 노이즈를 없애려고 끊임없이 떨리는데 여기서 아까와 같은 문제가 발생합니다. 자꾸 떨리

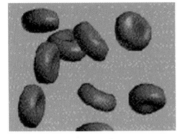

둥근 모양이 정상 적혈구이며, 그 사이에 낫모양의 것이 겸상 적혈구이다.

므로 붙어 있기가 쉽지 않죠. 그래서 나이가 들면 가끔씩 망막 안쪽의 혈관이 망막에서 와르르 떨어져버리는 경우가 발생합니다. 그 부위는 영양이 공급되지 않으므로 시야가 막히게 되는 거구요.

인간의 눈이 왜 이렇게 거북스럽고 멍청한 구조로 진화되었는지는 모릅니다. 눈의 구조만 놓고 본다면 오징어들의 눈이 훨씬 더 좋은 구조를 가지고 있지요. 그들의 혈관은 망막을 밖에서 감싸는 형태를 띠고 있거든요. 분명 먼 옛날 인류의 조상이 진화를 시작할 때 그런 열등한 구조의 눈을 가졌음에도 불구하고 그것을 상쇄할 만한 더 좋은 유전형질이 있었기에 '자연이 그를 선택'했을 것이라고밖에는 설명할 방법이 없네요.

이처럼 좀더 나은 유전 형질을 가지는 대가로 상당한 위험을 감수하는 경우는 또 있습니다.

겸상적혈구빈혈증(sickle cell anemia)이라는 병이 있지요. 이 병은 우리나라에는 흔하지 않지만, 아프리카 흑인들에게는 상당수 발생하는 유전병의 일종입니다. 기억을 더듬어봅시다. 인간의 혈액이 붉은 이유는 혈액 속에 적혈구가 존재하고, 그 적혈구에 있는 헤모

정상 적혈구의 헤모글로빈 분자

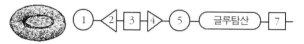

검상 적혈구의 헤모글로빈 분자

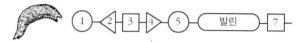

정상 적혈구와 검상 적혈구의 헤모글로빈 분자 비교

글로빈이 철(Fe)을 기본 구조로 가지고 있기 때문입니다.

쇠가 녹이 슬면 빨갛게 변하는 거 아시죠? 혈액 속의 적혈구는 산소와 결합하는 형태, 즉 산화형태로 존재하기 때문에 빨간색[H]으로 보입니다. 정상적인 헤모글로빈을 가진 적혈구는 가운데가 움푹 들어간 원반 모양입니다. 사람의 적혈구는 핵이 없기 때문에 이런 모양을 하는데, 이 구조는 산소와의 결합력을 높여서 조직 구석구석까지 산소를 전달하기 쉽게 합니다.

헤모글로빈을 구성하는 유전자에는 모두 146개의 아미노산이 있는데, 그 중 딱 하나, 글루탐산(glutamic acid)이 발린(valine)으로 바뀐 것 때문에 이 빈혈증에 걸립니다. 146분의 1의 확률에 해당하는 아미노산의 치환으로 단백질의 구조가 바뀌면서, 적혈구의 모양은 낫 모양(그래서 검상〔鎌象, 낫모양〕이라는 말이 붙었죠)이 되고 쉽게 파괴되거나 종종 혈관에 혈전

> 재미있는 사실 하나. 살아 있는 오징어나 낙지의 눈을 잘 보세요. 파란색 핏줄이 보일 겁니다. 연체동물들의 혈액은 산소 운반 금속으로 구리(Cu)를 갖기 때문에 산화구리의 색인 파란색을 띤답니다.

(血栓)을 만들게 됩니다. 이에 따라 각종 조직에 순환 장애가 생기며, 빈혈, 황달, 백혈구 증가, 복통, 심장 비대, 신경증상, 골 변형 등이 일어나서 대개의 경우 오래 살지 못합니다.

이 병의 경우 열성유전[H] 되기 때문에 보인자들이 이 유전자를 계속 후대에 전달하게 되죠. 그런데, 인종에 따른 유전적 특이성을 조사하다 보면 아프리카 지역에 사는 흑인들의 경우, 월등히 많은 겸

> 🧑 열성유전이란 부모에게서 물려받은 유전자 두 개 중 하나라도 정상이면 정상적으로 발현되고, 두 개가 모두 이상이 있을 때에만 열성 성질이 나타나는 것을 말합니다. 따라서, 정상 유전자를 T, 겸상적혈구빈혈증 유전자를 t라고 하면, TT는 당연히 정상, Tt는 보인자이지만 겉으로 보기엔 정상, tt만이 겸상적혈구빈혈증을 일으키는 거죠.)

상빈혈증 유전자를 가지고 있는 것이 관찰됩니다. 즉, 그들에게서는 이 병이 많이 발병할 뿐 아니라, 보인자도 많아요. 단순한 확률의 소치로 보기에는 너무나도 많은 보인자가 존재합니다. 그럼 또 다른 이유가 있는 걸까요?

더운 여름을 더욱 견디기 힘들게 하는 건 뭘까요? 습도? 따가운 직사광선? 또 하나 있어요. 바로 모기입니다. 여름철에 땀이 나서 끈적거리는데다가 모기까지 덤벼들면 무척 괴롭습니다. 이 모기가 말라리아를 옮기는 매개체가 된다는 건 아시죠? 말라리아 원충은 모기의 침을 타고 인간의 몸 속으로 들어와 적혈구 속으로 파고 들어가서 성장하다가 때가 되면 적혈구를 용혈(터뜨리는 것)시켜 나오게 된답니다.

우리에겐 그리 심각한 문제가 되지는 않지만, 아프리카 지방의 풍토병인 말라리아는 엄청난 사망율을 보입니다. 그런데 겸상적혈

구빈혈증 유전자를 가진 사람은 적혈구의 모양이 변형되기 때문에 말라리아에 저항성을 가지게 되지요. 이것은 발병한 환자뿐 아니라, 보인자도 마찬가지랍니다. 유전자는 위험한 줄다리기를 한 겁니다. 두 개가 모두 정상이라면(TT) 겸상적혈구빈혈증엔 걸리지 않겠지만, 말라리아에 걸려 죽을 수도 있습니다. 사실 이 확률이 더 크지요. 만약 두 개가 모두 이상이 생겼다면(tt) 말라리아에는 안 걸리겠지만, 자체의 독성으로 훨씬 더 일찍 죽어버릴 겁니다. 그러나 하나만 이상하다면(Tt) 겸상적혈구빈혈증으로 죽지도 않고, 말라리아에 대한 저항성까지 얻은 셈이 되니 일석이조라고 할까요. 따라서 유전자는 겸상적혈구빈혈증으로 죽을 수 있는 위험성을 안고서도 말라리아로부터 숙주(인간)를 지키기 위해 이러한 대안을 선택한 것이지요.

만약 여러분들이 이러한 선택의 기로에 선다면, 어떻게 하시겠습니까?

 관련 사이트

겸상적혈구 빈혈증 http://www.emory.edu/PEDS/SICKLE

한국인의 유전병 http://cau.ac.kr/~koreangd

눈을 사랑하는 사람들의 모임, 안과 정보 http://www.eyemd.co.kr

키클롭스의 눈은 어느 쪽에 있을까?

외눈박이 괴물, 폴리페모스의 모습

외눈박이 괴물 키클롭스는 덩치가 산만하고 굉장히 거친 족속이었어. 오만방자하여 올림 포스신들에게도 도전을 했던 그들은 보기에도 흉측한 외모를 하고 있었지. 그중에서도 가장 무 서운 건 이마 한가운데 박혀서 번쩍번쩍 빛을 발하는 외눈이었어.

빗나가는 예언을 하는 법이 없는, 저 에우리모스의 아들인 예언자 텔레모스가 여행중에 잠 시 시켈리아에 들러 아이트나에 왔었대. 거기서 외눈박이 괴물 키클롭스 중 하나인 폴리페모스 를 만난 그는 이렇게 경고했어.

"그대의 이마 한가운데 박혀 있는 그 눈이 머지않아 오디세우스의 손에 멀게 되리라."

결국 트로이 전쟁이 끝나고 귀향길에 오른 오디세우스 일행은 하마터면 폴리페모스에게 잡아먹힐 뻔했지만, 오디세우스의 기지로 커다란 통나무를 깎아 만든 뾰족한 끄트머리로 폴리 페모스의 하나밖에 없는 눈을 찔러 그가 고통과 분노로 미쳐 날뛰는 틈을 타서 무사히 탈출했 다지.

12

심장이 왼쪽에 있는 이유

만약 당신이 오디세우스처럼 무인도를 헤매다가 외눈박이 거인을 만났다면, 과연 그 거인의 눈은 어디에 붙어 있다고 말하겠습니까?

대부분은 '이마'라고 대답하거나, '뒤통수' 혹은 '머리 위', 좀 특이한 분들은 '배'나 '가슴' 등이라고 대답하시겠죠. 그런데 자세히 보니 눈이 왼쪽 눈자리에 있다라고 한다면?

왼쪽 혹은 오른쪽 외눈박이 거인이 기괴하게 느껴지는 건, 우리가 일반적으로 알고 있는 '대칭성'의 규칙을 깼기 때문입니다. 하나뿐인 것은 '가운데'로, 두 개인 것은 '양쪽'에 놓는다는 대칭의 규칙 말이에요. 코, 입, 배꼽은 가운데에, 눈, 귀, 팔다리는 양쪽에 놓는다는 식으로요. 물론 이게 일반적인 대칭성이긴 하지만, 우리 몸은 그렇지 않은 것들도 많습니다. 내장기관들을 예로 들 수 있습니다. 간은 오른쪽에, 심장은 왼쪽에, 쓸개, 이자, 맹장 등 많은 기관들이 좌우 비대칭입니다. 보기에는 대칭인 것처럼 보여도 우리의 뇌 역시

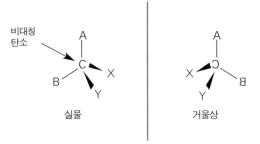

광학이성질체

비대칭입니다. 단, 이 경우는 기능적 비대칭이죠. 좌뇌는 수리적인 것을 다루고, 우뇌는 창조적인 것을 다루니까요.

그렇다면 세상에는 왜 이러한 비대칭이 존재하며 그 원인은 뭘까요? 만약 심장이 어느 한쪽에 놓여야만 했다면, 왜 하필 왼쪽이었을까요?

생물학적으로 말하자면, 아직 아무도 모릅니다. 물론 이와 관련된 많은 연구가 있어왔죠. 관련된 많은 돌연변이와 임상 사례들은 있습니다. 예컨대 몸의 좌우가 뒤바뀐 사람도 심심찮게 보고되고 있고, 장기의 일부만 좌우가 바뀐 경우도 있죠. 또한 초파리 실험에서는 어떠한 유전자가 고장나면 좌우의 위치가 바뀌는지도 알아냈죠. 그러나 애초부터 왜 좌우가 구별되어 비대칭적으로 만들어졌는지에 대해서는 아직 잘 모릅니다.

비대칭을 이야기하기 전에 우선 좌우비대칭성의 원리가 무엇인지부터 먼저 알아보죠.

아마 고등학교 때 화학을 배우셨다면, 세상에 존재하는 많은 화합물들이 '광학이성질체(光學異性質體)'라는 것을 배우셨을 겁니다. 우리가 끼는 장갑이 왼쪽과 오른쪽이 있듯, 많은 화학물질들이 그들의 거울상을 가진 '반대짝' 분자를 갖는다는 거지요. 이러한 성질은 세균학자인 루이 파스퇴르가 최초로 발견했습니다. 이들을 구별하기 위해서는 빛을 이용합니다. 물질에 빛을 투과시키면 왼쪽 장갑 물질들은 빛을 왼쪽으로 회전시키고, 오른쪽 장갑 물질들은 빛을 오른쪽으로 회전시킵니다. 이걸 좀 어려운 말로 광학활성(光學活性)이라고 하죠. 물론 화학물질들이 모두 좌우의 짝을 갖는 건 아닙니다만, 대부분의 유기화합물들은 광학활성이 있지요. 이들 화합물은 모양이 완전히 거울상이라서, 거울대칭이긴 하지만 겹쳐지지는 않습니다. 마치 오른손과 왼손으로 악수를 할 수 없듯이 말이죠.

이런 성질이 왜 중요하냐 하면 우리의 몸을 구성하는 거의 모든 물질은 유기화합물이고, 이들 역시 광학활성을 갖기 때문입니다. 같은 물질이 좌우 두 벌 존재하면 문제가 생깁니다. 짝이 맞지 않으면 생화학 반응이 일어나지 못하거든요. 왼손에 오른쪽 장갑을 끼면 잘 들어가지 않는 정도지만, 왼손 소화효소는 오른손 단백질을 만나면 아예 소화를 시킬 수가 없습니다. 만약 모든 음식물에 좌우 단백질이 똑같이 존재한다면, 한쪽 효소만 있다면 음식의 절반을 낭비할 수밖에 없어서, 지금보다 두 배나 많은 숫자의 효소를 만들어야만 합니다.

거의 모든 생화학 반응에서 이와 비슷한 문제에 부딪히게 됩니다. 하지만 우리 몸의 효소는 한 가지 방향만을 가질 뿐입니다. 왜냐구요? 지구상의 유기물질은 대부분 좌나 우, 한 가지로 대부분 편중되어 존재하거든요. 단백질을 구성하는 주요 성분인 아미노산의 경우, D형과 L형이 존재하는데, 이 세상의 모든 생물체는 L형 아미노산으로만 되어 있어요. 왜 이러한 편중이 일어났을까요? 다양한 설이 있지만, 아마도 진화 초기에 우연히 생겼던 선점이 증폭되었을 가능성이 큽니다. 즉, 우연히 조금 우위를 점한 쪽이 계속 시장을 잠식해 나가는 것과 같지요.[H]

> 예전에 비디오 시장에서 이런 일이 있었습니다. 원래 비디오는 VHS방식과 베타 방식의 두 가지가 있었습니다. 그중 베타가 조금 더 나았는데도, 현재 베타는 시장된 채 VHS만이 팔립니다. 왜냐하면 처음에 VHS 비디오가 시장을 약간 더 선점했기 때문이랍니다. 두 방식에서 사용되는 비디오 테이프는 호환성이 없어서 한 기계를 사면 그에 맞는 테이프 종류만 사게 될 수밖에 없거든요. 우연히 처음에 사람들은 VHS 비디오를 조금 더 사게 되었고, 그에 따라 VHS 비디오를 더 구입하게 되며, 업자들은 VHS를 더 만들어냅니다. 이런 순환이 증폭되어, 결국 베타 비디오는 사라지고 VHS만이 남게 된 거죠. 시장 진입 초기의 선점 효과는 매우 중요하답니다.

아미노산이나 다른 유기분자들도 그런 게 아닐까요? 최초에 조금 선점한 형태를 이용하는 생물체가 더 많아지고, 이들이 또 그런 특징을 가진 분자들을 만드니까 계속 증폭되는 겁니다. 결국 오늘날처럼 완전히 한쪽으로 편중되어버린 거지요.

실제로 실험실에서 화학적으로 합성하면 L형과 D형은 똑같이 50:50의 비율로 합성됩니다. 이러한 분자의 좌/우선성은 거시적인 생물체의 전체 구조에도 영향을 미쳤을 겁니다. 분자 수준의 비대칭은 DNA나 단백질의 구조의 비대칭을 야기하고, 더 나아가 고차적인 구조의 비대칭으로 이어질 수 있지요. 만약 인간을 구성하는 모든 유기분자의 좌우가 현재와 반대로 바뀐다면, 우리의 심장은 분명히 오른쪽에서 뛸 겁니다.

그렇다면 과연 그 '분자의 초기 선점'이 순전히 우연적인 결과였을까요? 그 점에 대해서는 다양한 의견들이 있는데, 재미있고 또 그럴듯한 이론 한 가지만 소개할까 해요. 우리의 좌우 선택은 우주로부터 왔다는 학설이랍니다. 그렇다고 해서 생명이 우주에서 왔다는 뜻이 아니라, 분자의 초기 선점 조건에 우주의 영향력이 발휘되었다는 말입니다. 화학물질의 합성과정은 대단히 미묘해서, 외부로부터의 미세한 자극에도 바뀔 수 있거든요.

예를 들어, 어떤 화학 반응시에 특정한 방향의 편광을 쬐여주면, 화학반응이 촉진되거나 저해되는 식으로요. 따라서 특정 방향으로 편광된 광선은, 화학물질의 생성시에 좌선성, 혹은 우선성으로 합성되는 여부에 영향을 미칠 수 있습니다. 우리는 좌측 편광, 혹은 우측 편광을 쬐여줌으로써 화합물의 비대칭성을 유도할 수 있다는 것이지요. 다시 말해, 화학적 진화의 초기에, 외부(우주)로부터 특정 방향으로 편광된 빛(전자기파)이 쬐여진다면, 지구의 화학반응의 대칭성이 한쪽으로 편중될 수도 있다는 이야깁니다. 그럼 이러한 편광이 우주의 어디로부터 올 수 있을까요? 이 넓고 넓은 우주의 구석진 곳에 있는 작은 지구에까지 영향을 미칠 정도로 그 세기가 강한 편광이 있을까요?

학자들은 존재 가능성이 있다고 말합니다. 그들은 가장 유력한 범인으로 펄사나 중성자성 등을 꼽습니다. 이들은 회전하면서 매우 강력한 편광전자기파를 주위로 방사하는 것으로 알려져 있거든요. 또한 이들의 광선은 상당히 강력해서, 수십 혹은 수백 광년 이상 떨어진 곳까지도 전달된다고 합니다. 그러므로 결정적인 시기에 이러한 천체에서 보낸 강력한 광선이 지구에 다다랐다면, 그때 막 생성되기 시작한 지구의 화합물들의 좌우가 편중되고, 그로 인해 결국 우리의 심장이 왼쪽으로 가게 된 것일 수도 있다는 이야깁니다.

그렇다면 우리가 사는 이 우주도 과연 어느 쪽으로 편중되어 있을까요? 예전에 학자들은 '오즈마 프로블럼(Ozma problem)'에 대해 심각하게 고민한 적이 있습니다. 사실 생각해보면 우스운데요, 우리가 외계인을 만났을 때, 과연 좌우를 설명할 수 있느냐에서 시작한 문제입니다. 중력이 존재하는 행성에서 위/아래를 설명하는 것은 쉽습니다. 중력의 방향이 아래이고, 반대가 위쪽이라고 하면 됩니다. 그런데 외계인에게 '왼쪽'을 설명해보세요. 심장 위치로는 안되죠. 외계인의 심장이 어느 쪽인지도 모르거니와 과연 심장이 있을지도 의문스러우니까요. 곰곰이 생각해보면 느끼시겠지만, 이건 극도로 어려운 문제입니다. 왜냐하면 좌와 우는 애초부터 임의적인 개념, 즉 상하(上下)와 전후(前後)를 구별하고 편의상 나눈 것이 좌우(左右)라는 개념이었으니까요.

게다가 우주는 본래 좌우대칭입니다. 근본적으로 차이가 없는 것을 구별하려 하니 어려울 수밖에요. 외계의 지적 생명체와 교신하려는 '오즈마 프로젝트(Ozma project)'에 참여했던 과학자들은, 뜻밖에도 외계인에게 좌와 우를 설명하는 것이 어렵다는 것을 깨닫고는 이 문제에 '오즈마 프로블럼'이라는 이름을 붙이고 고민을 했습니

넙치는 눈이 왼쪽으로 모두 몰려 있다

다. 아무리 머리를 맞대고 생각해도 뾰족한 수가 떠오르지 않자, 그들은 좌우대칭인 우주에서 방향성을 표시하려는 것은 어리석은 행동이라고 결론내렸지요. 결국, 좌와 우란 개념은 임의적이므로 결정 불가능한 것으로 결론을 내리고 이 문제를 슬쩍 넘겨버린 것이죠.

그런데 문제는 1950년대에 터졌습니다. 우주가 좌우대칭이 아니라는, 청천벽력과 같은 사실이 밝혀진 것이지요. 이 사실은 당시 모든 물리학자들에게는 일대의 충격이었습니다. 이는 우주의 완전무결성과 대립되는 결과였으니까요. 학자들이 알아낸 바로는 우주는 왼손잡이였던 것입니다.

이 결과 덕분에 절대로 풀 수 없을 것 같았던 '오즈마 프로블럼'을 해결하는 것까지는 좋았는데, 우주가 좌우 대칭이 아니라는 사실에 의해서, 줄줄이 전하 대칭과 시간 대칭 등이 한꺼번에 깨지고 말 았거든요. 이들 세 대칭은 마치 그림 맞추기의 조각과 같아서, 하나 가 찌그러지면 다른 두 개도 같이 찌그러지는데, 이를 'CPT (Charge, Parity, Time)붕괴'라고 하지요.

결국 우리는 왼손잡이의 찌그러진 우주에서 살고 있었던 셈입니다. 하지만 정말로 우주의 대칭이 완전히 깨어진 걸까요? 만약 우리의 우주와 대칭이 되는 우주가 있다면, 아마 그 우주는 오른손잡이 우주일테니까 그것도 대칭이라고 말할 수 있지 않을까. 약간 억지스럽긴 하지만, 그런 상상력이 과학의 발전을 가져오게 되는 것은 두 말할 나위 없겠죠.

 관련 사이트
오즈마 프로젝트 http://www.seti-inst.edu/ozma.html
입자물리학 http://myhome.hananet.net/~ugha/unm/start.htm

 참고 도서
『**마틴 가드너의 양손잡이 자연세계**』, 마틴 가드너(까치)

3장 성과 남녀의 진화

사랑을 하는 목적은 그 자체의 아름다움을 추구하기 위한 것이 아니라 그 행위를 통해
자손을 얻기 위한 것이다. 왜냐하면 생식은 안정된 삶을 살 수밖에 없는 생물체가
영원히 살기 위해 취할 수 있는 가장 훌륭한 방법이기 때문이다.

– 플라톤의 『향연』에서 디오티마가 소크라테스에게

머언 옛날, 단순한 분열만으로도 개체를 늘리고 번식을 하던 간단한 방식을 버리고 몇몇
생물들이 유전자를 반으로 나누어 서로 절반씩을 섞어야 번식할 수 있는 복잡한 시스템을
선택하기 시작했습니다. 숫구치는 번식의 욕구를 충족시키기 위해 끊임없이 제 짝을 찾아
헤매야 하는 고생의 나날이 시작되었지만, 그로 인해 개체는 오히려 폭발적으로 그리고 다
양하게 번식을 거듭해서 결국 지구를 가득 메웠습니다. 분열을 버리고 성을 선택한 뒤, 이
전 개체에게는 없었던 '죽음'이라는 업보를 짊어지게 되었지만, 그 대가로 생명체는 훨씬
더 다양하고 훨씬 더 환경에 잘 적응하는 개체로 진화할 수 있었던 것입니다.

우리에게 아들은 없다, 아마조네스

전쟁에 참여하는 호전적이고 용감한 아마조네스들

옛날 소아시아 북부에 여성 무사들로 이루어진 전설적인 민족이 살았어. 그리스 사람들은 이들을 '아마존(Amazon)'이라고 불렀는데, '젖이 없다'는 뜻을 갖고 있다. 왜냐하면 아마존의 여성들은 호전적이고 용감한 전사(戰士)들로 말 위에서 활을 당기기 쉽도록 오른쪽 유방을 잘라냈기 때문이지. 물론 왼쪽은 아이를 기르기 위해 남겨놓았지만 말이야.

아마존의 여성들, 즉 아마조네스들은 군신(軍神) 아레스를 섬겼고, 순결과 여성의 힘의 상징으로 아르테미스 여신을 숭배했어. 그들은 순전히 여성만으로 이루어진 집단이었지. 물론 종족을 유지하기 위해서 이웃 부족의 남성들과 때때로 정을 통하긴 했지만, 철저하게 여자아이만을 골라서 길렀어. 남자아이들은 어떻게 했냐고? 그들은 대개 태어나자마자 죽음을 당하거나 요행히 살려둔다 하더라도 결국 키워서 노예로 삼았지. 그들에게 딸만 있었고, 아들은 없었어.

성의 선택

성을 선택할 수 있다면 남성과 여성 중 당신은 어떤 성을 고르시 겠습니까? 자라면서 한번쯤은 자신의 성적 정체성에 대해 고민하는 시기가 있을 겁니다. 자신이 왜 여성으로 혹은 남성으로 태어났는지 궁금하게 여기고, 때로는 성으로 인한 차별대우에 분노하며, 다시 태 어나면 절대로 여자로 혹은 남자로 태어나지 않으리라고 다짐한 적이 있을지도 모릅니다.

하지만, 당신의 성은 당신이 결정하는 것이 아니라, 당신의 부모 님이 결정하시는 것이니 다음 세상에서도 그 소원이 이루어질지는 모르겠군요. 원천적으로 당신의 성을 결정하는 것은 아버지의 정자 중 어떤 것이 천재일우(千載一遇)의 수정 기회를 잡느냐에 달려 있 죠. 이 순간 성의 결정은 순전히 우연의 결과입니다. 자연적으로 태 어나는 아이들의 성별을 조사해보면 남녀의 비가 109:100으로 남자 아이들이 조금 더 많이 태어납니다.

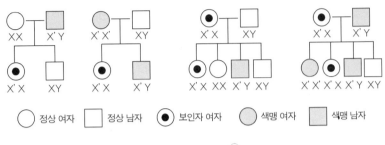

색맹의 유전 얼개 H

시간을 되돌려 수정 순간을 살펴보면 114:100으로 남자가 더 많이 수정되지만, 남자아이들의 유산 빈도가 좀더 높아서 태어날 때는 이 비율이 좀 낮아지게 되는 거죠. 여성의 난자는 모두 X염색체를 가지고 있기 때문에, 그와 결합하는 남성의 정자가 X를 가지면 여성이, Y를 가지면 남성이 태어나는 것이지요. 자연적으로 남자아이가 더 많이 태어나는 것은 Y염색체가 X염색체보다 작고 가볍기 때문에 Y염색체를 가진 정자가 상대적으로 조금 더 빨리 움직일 수 있기 때문이죠.

그런데, 요즘에는 태어날 아기의 성을 인공적으로 결정하는 경우가 있어 문제가 되고 있습니다. 사람의 성은 남성의 정자가 결정합니다. 앞에서 말했듯이 X가 Y보다

위의 그림에서 보듯 남성의 경우, 모계 쪽에서만 유전을 받으면 바로 색맹이 나타나지만, 이런 경우 여성은 보인자가 될 뿐 발병하지는 않습니다. 여성이 색맹이 되는 경우는 부모 양쪽에서 모두 고장난 유전자를 물려받을 때뿐이어서 남성에 비해 색맹이 일어나는 빈도가 매우 낮습니다. 혈우병도 마찬가지의 기전으로 유전되지만, 이 경우 워낙 치명적인 질병이므로 고장난 유전자를 두 개 가진 여자 아이의 경우, 대부분 유산되기 때문에 실제 여성 혈우병 환자는 거의 없습니다. 이를 치사(致死) 유전자라고 합니다.

훨씬 크기 때문에 이 두 염색체가 따로 들어 있는 정자는 미세하게 무게의 차이가 납니다. 정자를 적당한 속도로 원심분리하면 가벼운 Y정자는 위쪽으로, 무거운 X정자는 아래쪽으로 가라앉아 두 층으로 나뉘기 때문에, 원하는 염색체를 가진 정자를 골라서 인공 수정을 하면 아기의 성을 결정할 수 있게 되는 거죠.

사실, 이 기술은 X염색체 열성으로 유전되어 남성에게만 증상이 나타나는 난치병을 가진 부모를 위한 것이었습니다. 이를 반성유전[H]이라고 하는데, 예를 들면 혈우병을 들 수 있습니다. 이런 병은 남자에게 주로 발병하기 때문에 태아의 성별을 감별하는 것은 그들에게 건강한 자녀, 즉 딸을 안겨주기 위한 방편이었습니다. 그런데, 이 기술이 우리나라를 비롯한 몇몇 나라에선 그저 극심한 남아선호 사상을 충족시켜주는 도구로 변질되었지만 말입니다.

인간을 제외한 다른 동물 사회에서는 새끼의 성을 결정하는 것이 아주 손쉬운 일입니다. 대표적인 예가 개미와 꿀벌이지요. 베르나르 베르베르가 쓴 『개미』라는 소설에서, 인간과 의사소통을 할 수 있게 된 개미가 이렇게 말합니다.

태어날 아이가 어떤 성

유전자가 성염색체 위에 존재하여 성에 따라 다른 빈도로 유전되는 질환을 말합니다. 예를 들어 Y염색체 위에 있다면 아버지에게서 아들로만 유전되고, X염색체 열성이라면 아들은 X염색체가 하나뿐이어서 바로 발현되지만, 딸은 X염색체가 두 개이므로 다른 하나의 X염색체가 정상이라면 유전자상에는 존재하나 발현하지는 않는 상태(보인자)가 되며 자손에게 다시 이 고장난 X염색체를 물려줄 수 있습니다. 유전학적으로 의미있게 출현하는 반성유전은 주로 X염색체에 연관된 열성 유전인자로, 어머니는 정상이나 아들에게서는 발병할 수 있습니다. 이에 연관된 질환에는 혈우병, 색맹, 전신마비와 근육 무력증을 동반하는 뒤켄씨병이 있습니다.

(性)이 될지 모른다니 참 불편하겠군요. 그럼 병정개미와 일개미와 수개미의 숫자를 어떻게 효율적으로 맞출 수가 있죠? 필요에 의해 후손을 낳는 것이 아니라, 일단 낳아놓은 뒤 필요를 모색하는 건 너무 비효율적이에요.

여왕개미는 자신의 저정낭에 결혼비행시에 수개미가 전해준 정자를 보관하고 있다가, 그것을 자신의 난자와 조합하는 비율을 결정하여 수개미와 일개미를 원하는 숫자만큼 생산해냅니다. 곤충들뿐만 아니라 인간과 가장 가까운 영장류에서도 그런 경우가 발생합니다. 예를 들어볼까요?

여기 고릴라 암컷이 있습니다. 그녀가 암수 중 어떤 새끼를 낳을지는 그녀의 계급 서열의 영향을 많이 받는다는 보고가 있습니다. 아시다시피 고릴라는 철저한 위계질서 사회를 꾸려가고 있습니다. 가장 힘이 센 수컷이 무리를 자기 발 밑에 두고 군림하게 되는 거죠. 그 속에서 암고릴라도 자신의 위치를 파악합니다. 자신의 파트너인 수고릴라가 집단의 우두머리이고 그녀 자신이 젊고 건강하고 힘이 좋을 경우, 그녀의 자식은 우수한 유전인자를 타

도대체 우리들의 성적 정체성은 뭐지?

어떤 세균은 19가지의 성을 가지고 있다.

반갑습니다.
아수라백작이에요.

아, 네.....

성적 정체성을 찾아나선 아수라 백작

고 나서 무사히 성체까지 자라날 확률이 높다는 걸 의미합니다.

이런 경우, 그녀는 자신의 유전자를 후대에 많이 뿌리기 위해서 수컷을 낳는 것이 유리합니다. 수고릴라는 힘이 셀 경우, 집단의 모든 암컷에게 자신의 유전자를 퍼뜨릴 수가 있으니까요. 하지만, 암컷의 지위가 낮을 경우, 그녀의 새끼는 열성 유전자를 타고 날 확률이 높고, 만약 그렇지 않더라도 지위가 낮은 상태로 살 가능성이 많습니다. 이럴 경우, 고릴라는 암컷을 낳게 됩니다. 수컷을 낳아서 유전자도 못 퍼뜨리고 죽게 만드느니, 그 숫자는 적지만, 확실히 새끼를 낳아 자신의 유전자를 다음 세대에 전해줄 암컷을 낳아서 키우는

게 득이 되거든요.

애초에 성(性)이 나뉜 것은 유전자의 섞임을 통한 다양성의 확보로 좀더 생존에 유리한 개체를 재생산하기 위한 방편이었을 겁니다. 하지만, 성의 나뉨과 동시에 양쪽은 서로 다른 전략을 세워서 나름대로 생존 전투에 임하기 시작했습니다.

자, 당신은 어떤 전략을 통해 유전자를 후대에 남기시겠습니까?

P. S. 참고로, 이를 이용한 재미있는 현상 한 가지를 소개하죠. 하이에나는 나이가 든 현명한 암컷이 무리를 이끕니다. 하지만, 어떤 집단이든 우두머리가 되고자 한다면 '힘'이 필요한 법. 따라서, 이 집단의 우두머리 암컷은 자신이 수컷의 힘을 가지고 있다는 것을 과시하듯, 가짜 수컷 성기(pseudopenis)를 발달시킨다고 해요. '힘'이 아니면 굴복하지 않는 성질을 '힘'을 모방한 지혜로 다스리는 거죠.

 관련 사이트

반성유전 http://www.manbir-online.com/genetics/genetics-3.htm
한국 혈우병 재단 http://www.kohem.org/index.asp

혈우병과 러시아 혁명

혈우병이 유명해진 것은 전적으로 대영제국의 빅토리아 여왕 탓입니다. 당시 유럽 왕조는 왕실끼리의 혼인이 유행했고, 여왕의 혈우병 유전인자를 지닌 딸과 손녀들이 유럽 각국으로 시집가면서 유럽 왕실 전체에 혈우병을 퍼뜨렸기 때문입니다. 여왕의 아들인 레오폴드 경, 여왕의 외손자인 독일 왕가의 왈드마르 왕자 역시 혈우병으로 고생했는데, 그중에서도 러시아 로마노프 왕가로 시집간 여왕의 손녀, 알렉산드라 공주 이야기는 가장 유명합니다.

알렉산드라는 러시아 차르 니콜라이 2세와 결혼하여 뒤늦게 알렉세이라는 아들을 낳았습니다만, 불행하게도 알렉세이는 혈우병 환자였습니다. 그녀는 아들의 병을 고치기 위해서 온갖 수단과 방법을 가리지 않았는데, 그때 혜성처럼 나타난 이가 바로 요승 라스푸친이었습니다. 라스푸친은 주로 최면술을 썼다고 하는데, 황태자의 병을 낫게 한 것이 아니라 최면술을 이용해 어린 황태자의 마음을 안정시키고 고통을 덜어주었던 것으로 보입니다. 그러나 겉으로 보기엔 황태자가 나은 것처럼 보이자, 알렉산드라는 라스푸친에 푹 빠져버렸고 라스푸친은 황제보다 더한 권력자로 떠올랐습니다.

당시 러시아는 어지러운 상태였습니다. 차르 니콜라이 2세는 알렉산드라의 손아귀에 있었고, 알렉산드라는 라스푸친의 말이라면 신의 복음처럼 따랐습니다. 라스푸친에 대항해 그를 유배보내려 했던 수상 스톨리핀은 실각하고 결국에는 암살당한 것을 시작으로, 정국은 점차 어지러워졌고 때마침 일어난 제1차 세계대전은 러시아 역시 전쟁의 소용돌이에 휩싸이게 했습니다. 탐관오리들의 횡포와 계속되는 전쟁으로 지칠 대로 지친 국민들은 황제를 퇴위시키고 새 황제를 옹립하려는 움직임까지 일어났습니다. 이에 위기를 느낀 황실 측근 유스포프 대공은 1916년 드디어 라스푸친을 암살하기에 이릅니다. 그러나, 이미 기울어질 대로 기울어진 황조를 되돌리는 것은 역부족이어서, 결국 1917년 레닌의 공산혁명이 일어나고, 소련이라는 거대한 공산주의 국가가 생겨납니다.

물론 러시아 혁명은 당시 사회가 가지고 있던 온갖 모순이 중첩되어 일어난 사건이긴 합니다만, 알렉세이의 혈우병으로 인한 라스푸친의 정권 장악도 대중들의 불만을 이끌어낸 대표적인 원인으로 꼽힙니다. 자신도 모르게 유전자 속에서 일어난 작은 돌연변이가 그렇게 커다란 사건과 연관이 될 줄은 처음에는 아무도 몰랐겠죠. 여왕 자신조차도요.

테티스를 얻은 펠레우스

잠자는 테티스를 사로잡으려는 펠레우스

물의 여신 테티스는 이런 예언을 들었어.

"아름다운 여신이여, 아이를 가지세요. 그 아이는 장차 아버지의 명예를 앞지르는 영웅이 되어 아버지보다 더한 칭송을 받게 될 거예요."

이 이야기를 들은 제우스는 손자인 아이아코스의 아들 펠레우스가 이 여신의 짝이 되어 여신을 안는 영광을 누리게 했지. 그러나 쉽지 않았어. 펠레우스가 여신을 잡으려 했지만, 테티스 여신은 호랑이로 변신해 펠레우스의 손길을 피했거든. 힘으로는 도저히 안 되겠다고 생각한 펠레우스는 향을 피우고 바다의 신들에게 기도했어.

"아이아코스의 아들아, 그 여신이 동굴에서 세상 모르고 잘 때 밧줄을 가지고 가서 재빨리 묶어버리면 네 신부로 삼을 수 있을 게다. 여신이 끊임없이 모습을 바꾸겠지만 속으면 안 된다. 끝까지 그 밧줄을 풀어주지 않으면 마침내 여신은 본모습을 보일 게다."

신탁을 들은 펠레우스는 테티스가 물에서 나와 동굴로 들어가는 밤을 기다렸어. 여신이 잠들자 펠레우스는 여신을 밧줄로 꽁꽁 묶어버렸어. 테티스는 자신이 잡힌 것을 알고 온갖 것으로 변신했지만, 그는 그럴 때마다 밧줄을 쥔 손에 더욱 힘을 주어 절대로 놓치지 않았어. 여신은 결국 본모습을 보이면서 한숨을 쉬고 말했지.

"신들의 도우심을 입지 않았더라면 그대가 어찌 날 이길 수 있었으랴."

그제야 펠레우스는 이 여신을 안고 한 아이를 낳으니, 그 아이가 바로 트로이 전쟁의 영웅이 될 저 위대한 아킬레우스였지.

　　아기는 두 연인의 사랑의 결실입니다. 사랑하는 남녀가 결혼을
해 얻은 아기들은 부모의 따뜻한 보살핌 속에 무럭무럭 자라는 게
통상적인 일일테죠. 그러나 인간은 이제 이런 방식에 싫증이 났나
봅니다. 빠른 것이 좋은 것이고, 최소의 비용을 들여 최대의 효율을
얻고 싶은 현대인들은 이제 '사랑'을 통해서 아기를 얻는다는 게 지
루하고 비효율적이라고 느낀 모양이에요.

　　미국의 패션 사진작가 론 해리스는 인터넷상에 '미녀 난자 경매
사이트(www.ronsangels.com)'⁽ᴴ⁾를 열고, 수퍼 모델 출신 미녀 8명
의 난자를 경매에 붙였습니다. 이 미녀 모델들의 난자는 최저 입찰가
1만 5천 달러에서 시작되어 최고 15만 달러까지 부를 수 있다고 해

　www.ronsangels.com에 들어가 보면 난자 경매(egg auction)/정자 경매(sperm
　auction) 코너가 따로 있으며, 각각의 경매 대상의 나이, 신체 조건, 가족 관계, 직업,
IQ 및 학점, 취미, 특기 등 개인 신상 명세가 빼곡하게 기록되어 있답니다. 1만 5천 달러에
서 경매가 시작되어 1백 달러씩 올리다 최고가를 부른 이에게 낙찰된다고 해요.

난자 제공 모델

요. 사이트 오픈 이후 약 1백만 명의 사람들이 다녀갔고, 그 중 실제 입찰에 참가한 사람들도 있습니다. 정확한 입찰가는 밝혀지지 않았으나, 해리스 씨는 약 4만 2천 달러 정도의 호가가 나왔다고 밝혔습니다. 미녀 모델들의 난자 판매가 문전성시를 이루자, 이제 해리스 씨는 정자 제공자를 구해서 정자 역시 판매에 들어간다고 공표한 상태입니다.

사람들이 성(性)에 관련된 것들을 판매하는 것은 어제 오늘의 일이 아닙니다. 섹스 서비스의 판매인 매춘은 고대 신전 매춘에서부터 시작되어 아예 정부에서 공창(公娼) 구역을 만들기도 하고, 네덜란드의 경우에는 창녀 역시 소득세를 낼 정도로 공공연한 일이 되었습니다. 이제 사람들은 섹스 서비스 자체를 파는 것을 넘어서 그 부산물인 난자와 정자, 그리고 아기까지 판매 대상[H]으로 삼는 거죠. 그래서 현재는 정자와 난자뿐만 아니라 이에 대한 부속품으로 아직까지 기술력 부족으로 만들지 못하는 인공 자궁을 대신하는 대리모 시

난자와 정자의 판매는 사실 우리 나라에서는 뿌리 깊은 역사를 가지고 있습니다. 조선 시대에는 철저한 남아선호사상과 맞물려, 아이를 낳지 못하는 양반댁 마님들 대신 자신의 난자와 자궁을 파는 씨받이들의 마을이 있었으며, 드물긴 해도 반대의 역할을 하는 씨내리가 있었다는 기록도 있죠. 우리 나라에서만 이런 일이 있었던 줄 알았는데, 난자와 정자의 판매는 20세기 들어서는 전세계적인 유행이 되고 있습니다.

장 역시 형성되어 있습니다.

현대 자본주의 사회에서 모든 것들은 가격이 매겨져 있습니다. 대체로 1회 채취시 정자는 50달러, 난자는 2천 달러 정도에서 거래되며, 대리모의 경우 임신에서 출산까지 약 1~2만 달러 정도의 수고비를 받는 것으로 알려져 있습니다. 이것은 이미 몇 년 전 가격이라서 현재는 더 올랐을 것이며, 또한 가격은 상품(?)의 등급에 따라 천양지차입니다(아래 그림 참조, 이 남성의 정자는 1만 달러가 넘는다는군요).

이런 가격의 차이는 희소성과 채취의 위험성에 따라 자연스레 형성된 가격이랍니다. 난자는 채취할 때 복강 내로 바늘을 집어넣어야 하기 때문에 아무래도 위험 부담이 커지고, 많이 채취할 수도 없거든요. 정자의 경우 한꺼번에 수억 마리를 채취하는 것이 가능하지만, 난자는 채취 대상자에게 미리 몇 주간 배란 유도제를 투여해서 정상보다 많은 수의 난자를 배란시키도록 해도 한 번에 채취할 수 있는 숫자가 기껏해야 10개 안팎이라니 더 비쌀 수밖에 없지요.

정자 제공 모델

1970년대, 최초의 시험관 아기인 루이스 브라운이 태어나면서 바야흐로 인간은 성을 판매하는 시장에서 전통적인 섹스 서비스 판매를 넘어서 본격적으로 자신의 생식력을 파는 시대를 맞이하게 되었습니다. 그 중 난자 판매는 가진 것 없고 기댈 곳 없는 가난한 여대생들에게 금단의 과

인공 수정의 시대

실처럼 다가왔지요. 가진 것이라곤 자신의 몸뿐인 머리 좋은 젊은
여대생들. 그들에게 2천 달러는 상당한 유혹이었고, 또한 소위 '몸을
판다'라는 어감이 주는 불쾌한 인식에서 벗어나면서도 손쉽게 목돈
을 쥘 수 있는 방법이었습니다. 중간 브로커나 난자를 원하는 불임
부부들에게도 젊고 똑똑한 여대생의 난자는 호감을 주어서 더 비싼
가격이 매겨지기도 했지요. 따라서 가난한 여성들의 난자 판매는 누
이 좋고 매부 좋고 두루두루 좋은 방안으로 받아들여져 공공연한 비
밀처럼 시행되어 왔습니다. 여성들은 자신들이 팔 수 있는 물건 목록
에 섹스 서비스와 덧붙여 그들만이 생산해낼 수 있는 '난자와 아기'
라는 품목을 추가시켰습니다.

이제 시장은 더욱 커졌고, 더욱 공공연해졌습니다. 위에서 언급한 사이트에 경매 대상으로 나선 모델들은 기존 상황에서 좀더 변화된 모습을 보여주었습니다. 이미 성공한 모델들인 그들에게서 돈 몇 푼을 벌기 위해 자신의 몸에서 팔 수 있는 것은 모두 팔려 하는 그런 그늘은 없습니다. 대신 그녀들은 당당한 모습으로 자신의 아기를 팔기 위해 웹상에 등장했지요. '나를 원하시나요? 나처럼 예쁘고 섹시한 딸을 얻고 싶지 않으세요? 그럼 오세요. 제 아기를 당신께 팔지요. 단 잊지 마세요. 제 아기는 굉장히 비싸답니다'[H]라는 표정을 지으면서요.

수퍼 모델의 난자 판매는 단순한 일회성 해외 토픽감일 수도 있습니다. 그렇지만, 이 문제는 조금 깊이 들어가 보면 인간 사회에서 일어나는 아주 커다란 변화를 의미하고 있습니다. 미녀 모델들의 난자는 매우 비싼 값에 팔립니다. 결국 이 사회에서는 미(美)란 우성 형질이며, 그들의 난자만을 선별하는 것은 일종의 적극적인 우생학이 될 수 있습니다.

아직은 어떤 유전자가 미모를 결정하는지 정확하게 알 수 없지만, 조금 더 생명공학이 발달해서 이를 완전히 알게 된다면 태어나기 전에 부모의 마음대로 아이의 외모를 결정할 수도 있을 겁니다. 미의 기준도 유행을 타니까 2020년대에 태어난 아기들은 당시의 유행인 푸른 눈에 노란 머리카락이 대부분이고, 30년대의 아기들은 검은 눈에 검은 머리카락, 40년

반대의 경우도 있죠. 바로 레즈비언에 싱글 마더로 유명한 영화배우 조디 포스터의 경우, 1998년 아버지가 누군지 전혀 밝히지 않은 채 아들 찰리를 낳아서 혼자 기르고 있습니다. 소문에 의하면 조디 포스터가 모든 형질이 뛰어난 사람의 정자를 받아서 인공 수정으로 아이를 낳았다고 하는데 글쎄요……

대의 아이들은 초록 눈에 빨간 머리카락, 뭐 이런 식으로 유행이 바뀌어 아이들의 겉모습만 보면 대충 어느 시대에 태어났고, 그 당시의 유행은 무엇이었는지 짐작이 가능한 시대가 올지도 모릅니다.

영화 〈가타카〉에는 아이가 태어나기 전에 모든 유전자 검사를 통해서 우등 인간을 만들어내는 장면이 나옵니다. 그래도 그 영화에선 부모의 유전자 중 우성 형질만을 골라서 배합하는 것이지 아기를 사고 팔진 않았으니 좀 낫다고 할까요? 자신의 사랑스런 자식에게서 우성 형질을 열망하는 것은 지극히 당연한 이기심의 발로지만, 결국 인류는 모두 똑같은 유전자를 지닌 하나의 커다란 개체가 되어버리는 것은 아닌지 모르겠네요.

 관련사이트

시험관 아기 http://medcity.com/jilbyung/baby.html

〈가타카〉 공식 홈페이지

http://www.spe.sony.com/Pictures/SonyMovies/movies/Gattaca/index.htm

유전자 조작 내용을 담은 흥미로운 영화들

가타카

앤드루 니콜 감독

에단 호크, 우마 서먼, 주드 로 주연

닥터모로의 DNA

존 프랑켄하이머 감독

데이비드 튤리스, 말론 브란도,

발 킬머 주연

에이리언 4

장 피에르 주네 감독

시고니 위버, 위노나 라이더 주연

12몽키스

테리 길리엄 감독

브루스 윌리스, 브래드 피트 주연

쥬라기 공원

스티븐 스필버그 감독

제프 골드블럼, 샘 닐, 로라 던 주연

딥블루씨

레니 할린 감독

사무엘 잭슨, 새프론 버로즈 주연

제우스의 머리에서 태어난 아테나

완전무장을 한 채 제우스의
머리에서 태어나는 아테나

신들의 제왕 제우스의 정식 아내는 헤라지만, 제우스에게는 예전에 이미 아내가 있었어. 그의 첫 번째 아내 이름은 메티스, 그리스어로 '분별 또는 사려깊음'을 뜻하지. 이름처럼 그녀는 현명하고 지혜로워서, 시아버지인 크로노스에 대항하여 남편인 제우스가 권좌에 오를 수 있게 한 일등공신이었어.

"메티스의 아들은 제우스를 몰아내고 왕위를 찬탈할 것이다."

어느 날, 틀린 예언을 하는 법이 없는 프로메테우스가 이렇게 말했어. 자신이 그랬듯 아들에게 쫓겨날지 모른다는 불안감에 두려워진 제우스는 메티스를 작아지게 해 삼켜버렸대. 그렇지만 메티스의 뱃속엔 이미 아기가 자라고 있었지.

어느 날, 제우스는 끔찍한 두통에 시달렸어. 머릿속에서 뭔가가 뚫고 나오는 것 같은 엄청난 고통이었지. 얼마나 머리가 아프던지 제우스는 헤파이스토스를 불러서 도끼로 자신의 머리를 치게 했어. 그가 제우스의 머리를 치자 그제야 두통이 멎고 머리에서 완전무장을 한 전쟁의 여신 아테나가 태어났어. 아들이 아니라 딸인 것에 안심한 제우스는 혼자서 낳은 이 딸을 매우 아꼈고, 아테나 역시 아버지의 가장 총애받는 딸 역할을 잘 해서 제우스는 아들에게 쫓겨남 없이 세상에서 이름이 잊혀질 때까지 권좌에 있을 수 있었대.

15

노레보와 피임에 대하여

마이보라, 미니보라, 머시론, 트리퀼라⋯⋯.

도대체 이들은 무엇을 가리키는 걸까요?

바로 현재 시판되는 경구용 피임약의 이름들이랍니다.

대부분의 동물들은 자신의 후세를 남기기 위해 목숨을 겁니다. 연어는 머나먼 바다에서부터 거센 물살을 거슬러 수만 리 떨어져 있는 자신의 고향으로 돌아가는 수고를 마다하지 않으며, 숫사슴들은 상대의 뿔에 찔려 죽을 수도 있음을 알면서도 용감하게 서로에게 돌진하지요. 그러나 인간은 엄연히 유전자를 가진 개체이면서도 어찌된 일인지 아이를 낳는 것을 기피하는 경향을 보입니다. 아주 오래전부터 인간은 피임을 원했고, 또한 갖가지 방법을 사용하여 실제로 피임을 시도했습니다.

철학자 아리스토텔레스는 임신을 피하는 방법으로 여성의 자궁

내에 납을 함유한 연고, 혹은 올리브유와 유향 등을 넣는 방법을 고안해냈습니다. 이밖에도 악어똥, 꿀, 천연 소다, 명반 등을 자궁 내에 집어넣는 방법이 있었다고 하는데, 이것들은 산(酸)에 약한 정자를 죽이는 살정제(殺精劑)의 기능을 하긴 했지만, 실패율이 높았습니다. 그래서 원치 않는 아이가 생기면 독한 약을 먹거나 언덕에서 구르거나 자궁 안으로 뽀족한 것을 찔러넣거나 해서 낙태를 유도했는데, 이는 태아뿐 아니라 산모까지 죽을 수도 있는 위험한 방법이어서, 고대 사회에서는 유아 살해가 공공연하게 이루어지곤 했었죠. 고대 도시 국가 스파르타에서는 건강하고 튼튼한 시민을 양성하기 위해 기형으로 태어난 아이를 모두 죽였고, 로마 시대까지도 이민족 간의 혼혈, 혼외정사, 근친상간 등의 비정상적인 방법으로 태어난 아이들을 죽이는 것이 일상적으로 통용되었다고 해요.

현대에 와서는 이런 끔찍한 유아살해 대신 여러 가지 피임법이 개발되었습니다. 앞의 고전적인 피임약들의 뒤를 잇는 각종 살정제를 비롯하여, 물리적 차단법(콘돔, 페미돔), 착상 방지법(자궁 내 루프), 영구 불임법(난관/정관 수술), 호르몬 조절 요법(경구용 피임약) 등이 등장했습니다.

인간의 경우, 아기가 수정되어 태어나기까지 약 9개월이 걸립니다. 또한 임신기간에도 성관계가 가능하기 때문에, 평소와 같이 한 달에 한 번씩 배란이 일어난다면 서로 임신 시기가 다른 아이들이 생겨 자궁 속에서 자리다툼을 할 수도 있을 겁니다. 하지만, 우리의 몸은 일단 임신이 되면 배란은 억제하고, 임신 자체만을 유지시키는 메커니즘을 가지고 있답니다. 이때, 이 메커니즘을 조절하는 것이 에스트로겐과 프로게스테론이라는 호르몬인데, 먹는 피임약은 체내

응급 사후 피임약 노레보

에 이 호르몬의 양을 임신 했을 때와 비슷하게 유지시 켜서, 이들의 가짜 시그널 에 속은 난소는 배란을 억 제하여 임신을 막을 수 있 게 됩니다.

2001년 12월, 드디어 우 리 나라에도 사후 피임약이 정식으로 시판되기 시작했습니다. 응급 사후 피임약인 노레보(사진 참조)는 지름 5mm, 무게 0.75mg의 콩알보다도 작은 알약입니다. 여 기에는 수정란의 자궁 착상을 방해하는 호르몬이 들어 있어, 성관계 가 있은 뒤 72시간 내에 용법과 시간을 지켜 복용하면 90% 이상 피 임에 성공하는 것으로 알려져 있습니다. 특별히 수술이 필요 한 것도 아니고, 일반 피임약 처럼 매일매일 먹어야 하는 것 도 아니니 간편하고 손쉬운 피 임법임에는 틀림없습니다. 그 러나, 왜 사람들은 이것에 대 해서 말이 많을까요?

첫째, 사람들은 노레보가 낙태약[H]이라고 받아들이는 경

> 노레보는 사후 응급 피임약일 뿐이지만, 낙 태를 유도하는 '진짜' 약도 있습니다. 프랑 스에서 시판되기 시작하여 현재는 유럽 여러 나 라에서 팔리는 'RU-486'이 바로 그것이지요. RU-486은 임신 9주까지, 즉 태반이 생성되기 이전에 먹으면 자궁 내막의 탈락을 유도하여 낙 태를 일으킬 수 있지요. 성관계 후, 임신 여부를 알지 못한 채 먹는 노레보와는 달리, RU-486 은 임신한 것을 인지한 뒤에 사용할 수 있는 '낙 태약' 입니다. 인공적으로 자궁 내막을 파괴해 태아를 떨어뜨리는 방법이므로, 아무래도 부작 용이 좀 있고, 그래서 이 약을 허용하지 않는 나 라들도 많이 있습니다.

향이 있습니다. 이미 수정란이 생긴 이후 착상을 방해하는 것이기 때문에 약을 이용한 손쉬운 낙태의 한 방편이라고 생각하며 불쾌하게 받아들이는 것이지요. 하지만, 공인된 피임법 중에서 루프 등 자궁 내 기구 사용법 역시 수정란의 자궁 내 착상을 방해하는 것입니다. 난자와 정자의 도킹은 아시다시피 자궁보다 위쪽에 있는 나팔관에서 이루어지고, 그 수정란이 천천히 자궁 내로 내려와 자궁벽에 착상하여 임신이 이루어지는 것입니다. 문제는 어디서부터가 생명이고, 어느 시기부터가 임신인가 하는 것인데, 실제로 수정란의 70%는 모체의 거부반응을 이기지 못하고 착상에 실패하게 되므로, 임신의 시작은 수정란이 성공적으로 자궁에 착상을 한 경우부터 따지는 것이 통례입니다. 노레보는 이미 자궁벽에 착상된 태아를 없애는 것이 아니라, 단지 그 전에 수정란이 안정된 곳에 뿌리내리지 못하게 하는 역할을 합니다.

둘째, 사후 피임약이 시판되면 성적으로 문란한 생활을 하게 될 것이라는 걱정 아닌 걱정을 하는 사람들이 있습니다. 이런 종류의 말은 새로운 피임법이 등장할 때마다 한 번씩 대두되곤 했었습니다. 콘돔이 처음 세상에 나올 때도, 경구용 피임약이 나올 때도 그랬습니다. 하지만, 도대체 문란하다는 게 뭘까요? 이 약이 시판된다고 사람들이 '사후 피임약이 있으니까 괜찮아'라면서 아무렇게나 관계를 맺은 후 노레보를 찾을까요?

기쁜 마음으로 즐겁게 받아들이는 섹스는 축복이지만, 한순간의 기분에 못이겨 충동적으로 이루어지는 경우나 정말로 원치 않는데도 어쩔 수 없이 일어났을 경우에는 그만큼 괴로운 것도 없을 테니까요. 사람들은 어떻게 이미 수정된 하나의 생명을 죽일 수 있느냐며 인간의 잔인함을 비난하지만, 원하지 않는 생명을 아홉 달 동안이나 뱃속에서 느껴야 하는 사람의 심정을 생각해보세요. 어쩌면 그 여리고 작은 생명을 버리거나 오랜 세월 미워하고 증오하면서 살아야 하는 것이 더 끔찍한 일일지도 모릅니다.

사실 노레보가 논란이 되는 것은 우리 사회의 이중적인 얼굴과 관련이 있습니다. 모 방송국에서 이와 관련한 특별 방송을 내보낸 적이 있습니다. 각 단체의 이름을 걸고 대표로 나선 사람들은 두 파로 나뉘어 치열한 설전을 벌였죠. 종교계를 비롯한 일부 여성계와 산부인과협의회에서는 생명 경시와 성문란 조장, 호르몬제 오남용 등의 부작용을 내세우며 노레보의 도입을 반대했으며, 또 다른 여성계와 보건당국, 약사회는 현행법상 낙태가 엄격히 금지되어 있는데도 '낙태천국'이라고 불릴 정도로 무분별하게 행해지는 낙태를 줄일 수 있는 대안으로 사후피임약 도입을 주장했습니다.

그러나, 그 토론회를 보면서 제가 느낀 것은 낙태에 대한 다양한 시각보다는 각 단체들의 명분 싸움을 보는 듯하다는 것이었습니다. 우리나라에서는 해마다 2백만 건의 낙태 수술이 행해지고 있다고 합니다. 불법을 감수하면서 거의 모든 산부인과들이 낙태 수술을 하는 이유는, 이것이 산부인과의 주수입원이 되고 있기 때문이라고 해요. 또한, 사후 피임약이 도입되면 기존의 피임약을 제조해서 판매하던 제약회사들의 입지가 흔들리게 됩니다. 따라서 이런 관련업계들의 치열한 이해 관계가 노레보가 한국땅에 발을 못 들이게 하는 또 하나의 이유가 되는 것이죠.

물론 노레보는 인공적으로 자궁 내막을 벗겨내는 것이기 때문에 여성의 몸에 해로운 건 사실입니다. 또한 생명은 가능한 한 지켜야 하는 소중한 것입니다. 저 역시 어머니의 희생으로 태어났고, 이렇게 자라나서 글을 쓰고 있습니다. 언젠가는 저도 생명을 제 몸 속에 품게 될 것이고, 그 생명이 태어나 성장해서 자신의 세계를 구축하도록 도와줄 것입니다. 생명이란 각자가 하나의 우주이고, 절대로 다른 것으로 대체될 수 없는 것이기에 소중하고 또 소중합니다. 그렇기에 더욱더 탄생에 신중해야 하는 것이죠.

마지막으로 현행법상 허용되는 낙태 이유를 찾아보았습니다.

첫째, 본인 또는 배우자가 후생학적 또는 유전학적 정신장애나 신체질환이 있는 경우.

둘째, 본인 또는 배우자가 전염성 질환이 있는 경우.

셋째, 강간 또는 준강간에 의하여 임신이 된 경우.

넷째, 법률상 혼인할 수 없는 혈족 또는 인척간에 임신이 된 경우.

마지막으로 다섯째, 임신의 지속이 보건학적 이유로 모체의 건강을 심히 해하고 있거나 해할 우려가 있는 경우(심각한 임신 중독, 임신성 당뇨 및 고혈압이 심해서 신속한 조치가 필요한 경우)

 관련사이트

경구용 피임약 http://www.carecamp.com/life/sex/sex_consort01.jsp

노레보 http://www.norlevo.nu/norway/default.htm

노레보 국내 판매사 '현대약품'

http://www.hyundaipharm.co.kr/product/product_prescription.php?code=1400#

RU-486 http://www.ru486.org

옥좌를 지키기 위해
자식을 삼키는 크로노스

자식을 삼킨 크로노스

주신(主神) 우라노스와 가이아의 아들로, 티탄족의 왕이 된 크로노스는 아버지에 대항하여 반란을 일으켜 왕좌를 차지했어. 크로노스는 우라노스를 대신하여 천계와 지계의 지배자가 되었으나, 자신이 아버지인 우라노스를 퇴위시켰듯이, 그도 또한 자식 중 한 명에게 퇴위당할 것이라는 예언을 들었어.

크로노스의 아내인 레아는 헤스티아, 데메테르, 헤라, 하데스, 포세이돈을 차례로 낳았지만, 그는 이들을 모두 삼켜버렸어. 그러나 막내아들인 제우스만은 이 가혹한 운명에서 벗어날 수 있었지. 남편이 아이들을 모두 삼키는 데 분노한 레아가 그를 속여 커다란 돌을 아기옷에 싸서 삼키게 했거든.

어린 제우스는 크레타 섬의 딕테 산에서 몰래 요정들의 도움을 받으며 산양 젖을 먹고 자랐어. 이윽고 어른이 되어 메티스 여신과 결혼한 제우스는 그녀의 도움으로 크로노스에게 구토약을 먹여서, 그가 삼킨 자신의 다섯 형제를 모두 토해내게 했지. 이어서 억압에서 풀려난 제우스 형제들과 아버지인 크로노스 간의 싸움이 벌어졌지만, 결국 제우스가 승리해서 왕좌를 차지하게 되었고, 크로노스는 자신이 가둔 괴물들과 함께 타르타로스에 갇히게 됐다지……

16

수컷의 자식 살해

카니발리즘(cannibalism)이란 단어를 들어보셨나요? 사전에는 '사람고기를 먹는 행위가 사회적으로 승인된 관습'이라고 설명되어 있습니다. 즉, 카니발리즘이란 인간에게서는 식인(食人)을, 나아가서는 모든 생물이 동족을 잡아먹는 것을 의미한답니다.

식인은 크게 세 가지로 나뉩니다. 종교적, 주술적 식인, 생존에 의한 식인, 그리고 마지막으로 인육에 대한 탐식(貪食)에 의한 식인이죠.

첫 번째의 종교적, 주술적 식인은 예전부터 있어왔습니다. 옛 원시부족들은 인간의 힘이 그 육체에 깃들여 있을 것이라고 여겨서 그 사람의 능력이나 힘을 자신의 것으로 만들기 위해 식인을 하는 경우가 종종 있었습니다. 신에게 바친 인신제물의 몸을 나눠 먹는 것은 신의 은총을 받는 행위이고, 포로로 잡은 적장의 살을 베어 먹는 것은 그의 용맹과 근력을 자신의 것으로 만들기 위한 욕망이며, 죽은

고릴라 엑소더스

부모와 사랑하는 이의 몸을 눈물로 먹는 것은 애틋했던 혈육의 정을 잊지 않기 위한 몸부림이었습니다. 이런 식인의 유형은 인류의 머리가 깨이고 조금씩 사회가 발전하면서 서서히 사라졌습니다.

두 번째 생존에 의한 식인은 어쩔 수 없는 경우입니다. 영화 〈얼라이브(Alive)〉의 경우, 산 속에 조난된 생존자들이 살아남기 위해 어쩔 수 없이 먼저 죽은 동료의 시신을 먹으며 버티는 극한의 상황을 보여준 바 있습니다. 중국에서는 사람의 피와 고기로 만든 인육만두를 먹으면 폐병(결핵)이 낫는다는 속설이 있었고, 우리나라에도 옛부터 문둥병(나병 또는 한센병) 환자에게는 어린아이의 간(肝)이 좋다

〈양들의 침묵〉과 〈한니발〉의 한 장면.

는 말이 있습니다. 역시나 이러한 식인 풍습도 현재에는 거의 자취를 감췄지요.

셋째가 바로 진짜 식인이라고 할 수 있는데, 살아 있는 사람의 뇌를 요리해서 먹는 한니발 렉터 박사의 경우 등을 제외하면 그다지 많지 않답니다.

이렇듯 현대 사회에서는 거의 없어졌으나, 인류와 함께 꾸준히 존재해왔던 카니발리즘에 대해서 조르주 바타이유는 '식인에 대한 금기는 시체에 대한 금기로 이어졌으며, 이러한 금기는 욕망을 일으킨다, 카니발리즘이야말로 가장 원초적인 욕망'이라고 말합니다. 즉, 카니발리즘은 이렇듯 인간의 기본적인 의식 저변에 깔려 있는 금지이며 이를 위반하려는 충동이라고 보았는데, 이것이 인문학자의 시각이지요. 생물학을 전공한 저에게 카니발리즘은 다른 의미로 다가온답니다.

왜냐하면 이런 카니발리즘이 인간 사회에 국한된 것이 아니기 때문입니다. 동물 사회에도 엄연히 카니발리즘은 존재하지요.

첫 번째 카니발리즘은 생식에 의한 카니발리즘입니다. 암컷 사마귀는 교미를 하면서 수컷을 머리부터 잘근잘근 먹어치웁니다. 암컷이 엄청난 양의 알을 낳기 위해서는 많은 에너지가 필요하기 때문에 어쩔 수 없는 일이지요. 여왕개미는 혼례 비행을 마치고 땅 속으로 숨어 들어가서 알을 낳기 시작합니다. 제일 먼저 낳은 알이 깨어나 어미에게 먹이를 물어다 줄 때까지 아무런 생활능력이 없는 여왕개미는 자신이 낳은 알을 먹으면서 연명합니다. 알을 두 개 낳아 그중 한 개를 먹어치우고, 다시 두 개 낳아 그중 한 개를 먹어치우는 방식으로요.

또, 포유 동물에게서는 새끼가 태어나면 어미가 탯줄을 이빨로 끊고 태반과 함께 먹는 광경을 볼 수 있는데, 아무리 초식 동물이라도 이 순간만큼은 동물성 단백질을 섭취하여 출산으로 인한 혈액과 체력 손실을 보충할 필요가 있기 때문이죠. 이들에게 카니발리즘이란 생존에 대한 욕구 그 이상도 이하도 아닙니다. 단지 자신의 몸을 위해서, 자신의 유전자를 후세에 뿌리내리게 하기 위해서, 자신의 남편을, 새끼를, 신체의 일부를 먹어버립니다.

그 중에서도 특이한 카니발리즘은 고릴라, 인도원숭이, 긴꼬리원숭이 등 몇몇 영장류에게서 나타나는 유아 살해입니다. 고릴라의 경우를 예로 들어보죠. 고릴라 집단은 일부다처제의 계급 사회입니다. 집단 내에서 수컷은 끊임없는 싸움을 통해 지위가 정해지고, 강한 리더 수컷 하나가 집단 내의 암컷에 대해 우선권을 가지며, 지위가 낮은 수컷은 높은 수컷에게 복종을 하든가 아니면 힘을 길러 기존의 지배세력을 무찌르고 자신이 리더가 되는 것밖에는 방법이 없지요. 그리고, 그렇게 치열한 지위 다툼에서 이겨 수위에 오른 고릴라는 가장 먼저 집단 내 암컷이 기르고 있는 새끼를 빼앗아 먹어치워 버리는 끔찍한 카니발리즘의 광란을 벌입니다.

왜 이런 끔찍한 일이 일어날까요? 이것은 암수의 기본적인 생식 구조의 차이에 고릴라의 독특한 사회 구조가 결합된 결과입니다. 수컷 고릴라는 새끼를 낳을 수가 없으므로 암컷의 몸을 빌어야 합니다. 그러나 암컷 고릴라의 경우, 일단 임신이 되면 새끼를 낳아서 젖을 뗄 때까지 배란이 억제되어 발정기가 오지 않습니다. 배란이 은폐되어 있고, 임신중에도 섹스가 가능한 영장류는 인간과 피그미침팬지뿐입니다. 다른 동물들은 배란과 발정기가 동시에 일어나며, 수유와 배란 억제 기간이 동일하거든요.

따라서, 수컷은 암컷이 그 새끼를 다 키우고 젖이 말라서 다음 번수태 가능 시기가 될 때까지 기다릴 여유가 없습니다. 자신이 기존의 리더를 죽이고 왕좌에 올랐듯이 또 다른 젊은 수컷이, 언제 어디서 자신에게 도전하여 권좌를 탈환할지는 알 수 없으니까요. 수컷고릴라는 지금 바늘방석에 앉아 있습니다. 그런 만큼 가능하면 빨리 자신의 자식을 많이 만들어둬야 합니다. 즉 자신이 아직 건재할 때 새끼를 많이 만들어서 어느 정도까지 키워야 하는 거죠. 잔인하긴 하지만, 갓난 새끼를 죽여서 더 이상 수유를 못 하게 하여 암컷을 다시 발정시키는 것보다 더 좋은 방법을 수컷 고릴라는 알지 못합니다. 따라서, 그는 우세한 힘을 앞세워 갓난 새끼를 땅바닥에 패대기쳐 죽이거나, 심지어는 어미가 보는 앞에서 잡아먹어버리곤 하죠.

암컷 역시 새끼를 빼앗길 때 반항을 하긴 하지만, 그 새끼가 죽거나 잡아먹혀서 다시 배란이 일어나면 뜻밖에도 새로운 왕에게 순종적인 모습을 보입니다. 암컷들은 다시 현재의 정복자의 씨를 품게 되고, 다음 번 왕좌의 주인이 바뀌어 또다시 피바람이 몰아칠 때까지 자신의 새끼를 소중히 키우게 됩니다. 운이 좋으면 새끼가 성장할 때까지 무사히 목숨을 부지할 수도 있을 거구요. 그렇지 않으면, 다시금 피비린내나는 살육을 경험해야 하지요. 그건 그네들의 운명 같은 겁니다.

유아 살해 같은 적극적인 형태의 카니발리즘은 진화의 단계가 오랜 뒤에야 나타납니다. 영장류 이외의 동물들에게는 이런 종류의 카니발리즘이 보고된 예가 없는 것으로 알고 있습니다. 인간도 영장류 시절의 오랜 습속을 못 버렸는지 잔인한 유아 살해가 심심찮게 일어나곤 합니다. 갓 태어난 아기를 화장실에 버리고, 아이가 운다고 바닥에 던지고, 혼자 돌아다니다가 말썽을 부릴까봐 세탁기 속에 넣어두고…… 어떻게 하면 진화 과정 중에 부작용으로 생겨난 열성 인자들과 못된 습성은 사라질 수 있을까요?

관련사이트

세계의 식인 문화에 대한 칼럼

　　http://www.magazinegv.com/new/news0005/0005-history2.htm

고릴라의 유아 살해　http://www-personal.umich.edu/~phyl/anthro/infant.html

제단에 기도하는 이피스

여자에서 남자가 된 이피스

크레타 섬에 리그두스와 텔레투사라는 부부가 살았어. 아들을 원하던 리그두스는 임신한 아내에게 딸을 낳으면 그 아기를 버리겠다고 했지. 아기가 딸이든 아들이든 소중했던 텔레투사는 여신께 빌었어. 그러자 이시스 여신이 텔레투사의 꿈에 나타나 딸이 태어나면 남편에게 아들이라 속이고 키우라고 알려주었어. 산고 끝에 태어난 아기는 딸이었지만, 텔레투사의 거짓말에 의해 아들로 자라났지. 이피스는 정말 잘생긴 청년으로 성장했어. 이피스가 아들인 줄 믿고 있던 리그두스는 그를 크레타 섬에서 가장 아름다운 소녀인 이안테와 약혼시키려 했어.

두 사람 모두 첫눈에 서로 사랑하게 되었지만, 이피스는 밤잠을 이룰 수가 없었어. 지금껏 남자로 자라왔지만 자신은 여자였으니까. 이피스는 착잡한 심정을 이기지 못해 눈물을 흘리면서 혼자 이런 말을 했대.

"참으로 불가사의한 사랑, 이같이 기묘한 사랑에 빠진 나는 장차 어떻게 될까?
여자의 몸으로 여자를 사랑하다니, 세상에 이런 사랑이 있는 줄 그 누가 알까?"

어머니 텔레투사는 딸의 이런 고통이 안타까워 여신께 도움을 요청했어. 여신이 기도를 받아들이자, 이피스의 피부색이 변하고, 얼굴 생김새도 바뀌었으며, 근육에서도 힘살이 부풀어올랐지. 조금 전까지만 해도 여자였던 이피스는 그 순간에 남자로 변한 거야. 기뻐하며 신전으로 달려간 텔레투사와 이피스는 신전 제단에 제물을 바치고 다음과 같은 글을 남겼대.

"처녀로서 약속드렸던 이피스의 제물을, 청년이 된 이피스가 드리나이다"

　　여자보다 더 예쁜 여자, 하리수. 그녀는 '새빨간 거짓말'이라는 모 화장품 CF 광고처럼 거짓말같이 어느새 우리 곁에 가까이 다가왔습니다. 그녀는 모델로 데뷔했으나, 영화도 찍고, 음반도 내고, 쇼 프로그램에도 여기저기 얼굴을 내밀면서 명실공히 시대의 아이콘 노릇을 톡톡히 하고 있습니다. 그녀의 외모는 같은 여자가 봐도 흠잡을 데가 없을 정도로 완벽합니다. 목소리가 좀 굵긴 하지만, 그 정도 허스키한 목소리의 여자들은 꽤 있으니까요. 그리고 그녀도 드디어 지난 2002년 12월, 법원에 낸 호적정정 신청이 받아들여져, 성별이 남자에서 여자로, 본명도 이경엽에서 이경은으로 바뀌었답니다.

　　그녀처럼 성전환 수술을 받아 선천적인 성에서 다른 성으로 바뀐 사람을 트랜스젠더(transgender)라고 합니다. 현재까지 국내에는 이 런저런 경로로 성전환 수술을 받은 트랜스젠더가 1천여 명 정도 된다고 알려져 있지만, 비밀스럽게 행해지는 수술의 특성상 그보다 더

21세기 성적 정체성 혼돈의 아이콘
하리수

많은 사람들이 태어난 성을 바꾸었을 것으로 추정하고 있습니다. 그러나, 수천 명에 이를지도 모르는 트랜스젠더 중에서 지금껏 법적으로 대응하여 성별 정정을 받아낸 사람은 거의 없었습니다. 겉모습만 바뀌었을 뿐, 타고난 성은 바꿀 수는 없다는 생각이 널리 퍼져 있기 때문이었죠. 이를 단적으로 보여주는 사건이 지난 1995년에 있었습니다. 성전환자가 성폭력을 당하자, 가해자들에게 '강간치상죄' 대신에 '강제추행죄'를 적용했었지요. 헌법에는 '강간이란 부녀자에 대한 강제적인 성행위'로 명시되어 있기 때문에, 법적으로 '남자'인 트랜스젠더 여성은 '부녀자'가 아니기 때문에 강간 사실이 성립될 수 없다는 논리[H]였었죠. 2002년 7월 최초로 성전환자의 호적 개정이 승인되어서 이들의 인권 문제가 한발 진보했음을 보여주었습니다.

그렇다면 남성에서 여성으로 바뀐 트랜스젠더는 왜 여성으로 인정받지 못하는 걸까요? 대부분의 트랜스젠더들이 남성에서 여성으로 성을 바꾸기 때문에 이야기의 초점은 남성에서 여성이 된 트랜스젠더들에게 맞추겠습니다.

그들의 성적 개정을 반대

여성들이 강간을 두려워하고 끔찍해하는 것은 육체적 고통뿐만 아니라, 심적, 정신적 고통도 엄청나기 때문입니다. 강간은 순식간에 여성의 자아를 무너뜨리며 삶을 송두리째 짓밟습니다. 강간은 그 어떤 폭력보다도 더 잔혹한 행동이라고 생각합니다. 아무리 트랜스젠더일지라도 본인이 자신을 여성으로 생각하는 이상, 그녀가 느꼈을 두려움과 절망감은 진짜 여성 못지않았을 것이기에 개인적으로 이 판결은 부당하다고 생각합니다.

하는 이들은 첫째, 트랜스젠더들은 비록 성기의 모양은 바뀌었으나, 자궁과 난소가 없기 때문에 아이를 낳을 수 없다는 것을 이유로 내세웁니다. 현대의학의 발달은 눈부실 정도여서, 성전환자들은 페니스를 제거하고 질까지 재건하여 여성으로서 섹스를 할 수 있도록 만들어주는 것까지는 가능합니다. 하지만, 외성기의 모양은 수술로 바꿀 수 있다고 해도, 자궁과 난소를 만드는 건 아직 불가능합니다. 진짜 여성이라도 자궁과 난소가 없는 기형의 경우는 종종 발견되며, 자궁암이나 난

반대(여성→남성)로 성전환을 한 트랜스젠더의 경우에는 본인의 지방과 피부 조직을 떼어내 페니스를 만든다고 합니다. 물론 정소와 고환이 없어서 사정을 할 수 없고 생식 능력도 없지만, 약물(비아그라 등의 발기 유도제)의 도움을 받으면 섹스는 가능하다고 합니다.

다른 생물 세계에서 자웅동체는 그리 특이한 것이 아닙니다. 많은 식물들이 꽃 안에 암술과 수술을 동시에 가지고 있으며, 지렁이를 비롯한 상당수의 동물들이 자웅동체이고, 심지어 어떤 물고기들은 수컷이 죽으면, 가장 커다란 암컷이 수컷으로 바뀌기도 한답니다.

소 종양 등으로 이들을 통째로 들어낸 사람도 많기 때문에 그리 무게가 실리지 않습니다. 자궁과 난소가 없는 여성이 있기는 하지만, 그렇다고 그들을 여성이 아니라고 말할 수 없으니까요.

　두 번째로 그들이 여성일 수 없는 증거로 사람들은 염색체를 내세웁니다. 사람의 염색체는 상염색체 22쌍과 성염색체 1쌍으로 이루어져 있습니다. 성전환자들은 아무리 외과적인 수술로 성기를 변환시켰다 하더라도 원래 염색체 타입이 남성 혹은 여성이기 때문에 성별 정정을 해줄 수 없다는 논리지요. 이 주장은 좀 그럴듯해 보입니다. 그러나 이것 역시 예외는 있는 법.
　인간 세계에서는 드물긴 하지만, 반남반녀(半男半女, 혹은 자

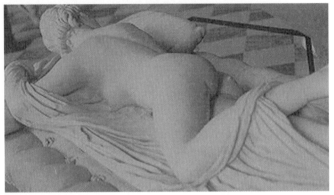

허머프로다이트. 위의 사진에서는 사타구니에 남성의 성기가 보이지만, 아래 사진에서는 방향을 바꿔보면 젖가슴이 보인다.

웅동체, 남녀추니라고도 하죠)인 허머프로다이트(Hermaphrodite)[H] 가 존재하니까요.

　가장 재미있는 경우가 스와이어 증후군(Swyer Syndrome)입니다. 스와이어 증후군은 일종의 유전병으로 이들의 염색체를 검사해 보면 상염색체 44 + 성염색체 XY인 남성형 타입이지만, 실제 표현형(phenotype)은 여성입니다. 대개의 고환 여성화 증후군 환자들이 태아 시절에 여성 호르몬에 지나치게 노출되어서 성기의 모양만이 여성화되는 것에 비해, 이 스와이어 증후군 환자들은 작지만 난소와 자궁을 가지며, 자궁의 발달이 더뎌서 좀 힘들긴 해도 임신과 출산에 성공한 예가 있다고 알려져 있습니다. 그렇다면, 이 스와이어 증후군 환자는 과연 남성일까요, 여성일까요?

사람들은 자신과 다른 것은 일단 배척하는 경향이 있습니다. 하지만, 조금 더 마음을 열어 생각해봅시다. 어떤 쪽의 성(性)을 가지고 태어났든지 육체의 성과 정신의 성이 일치하지 않는다면 가장 고통을 느낄 사람은 결국 본인이 아닐까요? 트랜스젠더는 어쩌면 현대 의학이 가져다준 새로운 성(性)일지도 모릅니다. 그들을 기존의 남성/여성 이분법적인 가치관으로 따질수 없다면 제3의 성으로 인정하고 그들 나름대로의 인권을 보호해주어야 한다고 생각합니다.

언젠가 TV에서 〈하리수, 엄마되다〉라는 제목으로 하리수가 곧 해외로 입양될 3개월된 아기의 위탁모가 되어 사는 모습을 방송했습니다. 저는 그 프로그램을 보면서 마음이 불편했습니다. 처음에 그녀가 방송에 출연했을 때, 다른 문제는 다 제쳐두고서라도 이 사회

> 이름에서 유추할 수 있듯이 그리스 신화에 나오는 상업의 신 헤르메스와 미의 여신 아프로디테의 이름을 더해서 만들어진 것입니다. 헤르메스와 아프로디테의 사이에서 태어난 미소년 허머프로다이트는 그를 끔찍하게 사모하는 살마키스라는 요정이 그를 붙들고 놓아주지 않아서 결국에는 둘이 합쳐져 반남반녀의 몸이 되었다고 합니다. 그래서 허머프로다이트는 현재 자웅동체를 의미하는 말로 쓰인답니다.

성적 다양성의 사회

가 그래도 개방적이고 다양성을 존중하는 사회로 가고 있구나라며 반가웠습니다. 그러나 시간이 지날수록 그녀에게 웨딩드레스를 입혀서 꼭두각시 신부 노릇을 하게 한다거나, 아기를 안겨주어 그녀가 결코 자신의 몸으로 아이를 낳을 수 없음을 새삼 상기시키는 우리 사회의 잔인한 일면에는 소름이 끼치더군요. 결국 이 사회는 그녀를 진심으로 받아들인 것이 아니라 특이한 동물처럼, 그것도 이 사회에 편입하기 위해서 타락한 미디어의 어떤 굴욕적인 요구에도 늘 웃으면서 비굴해져야 하는 이방인으로 여길 뿐이었던 겁니다.

100명의 사람들이 있다면 그들에겐 저마다의 색깔이 있고, 저마다의 인생이 있으며, 저마다의 사랑과 개성이 있다지요. 각자의 다양성이 인정되는 세상은 아직도 요원한 걸까요?

 관련 사이트

하리수 공식 홈페이지   http://www.harisu.co.kr
트랜스젠더 홈페이지   http://www.regainder.com

히아킨토스를 안고 오열하는 아폴론

히아킨토스를 사랑한 아폴론

태양의 신 아폴론은 태양처럼 빛나는 아름다운 소년 히아킨토스를 사랑했어. 그러나 그의 사랑은 비극으로 끝났지. 들판에서 원반 던지기를 하던 도중, 아폴론이 던진 원반에 그만 히아킨토스가 맞았던 거야. 아폴론의 힘이 실린 원반을 인간인 히아킨토스가 견딜 수는 없었지.

"히아킨토스여, 네 청춘은 이제 꺾여 내게서 떠나려 하는구나. 나는 너를 죽게 한 책임이 있다. 하지만 히아킨토스여, 내가 대체 어떤 죄를 지었느냐? 너를 사랑한 것이 죄더냐? 생각 같아서는 너와 함께 죽고 싶구나. 하지만, 나는 불멸의 몸. 너는 죽었으나 너는 영원히 나와 함께 할 것이다."

거짓말을 할 줄 모르는 아폴론이 이렇게 부르짖고 있을 즈음 히아킨토스가 흘린 피는 땅속으로 스며들어 풀잎을 적시더니, 굳으면서 모양은 백합과 흡사하고 색깔은 티로스 산 보라색 옷감보다 더 고운 꽃이 피어났다. 아폴론이 히아킨토스를 축복하여 꽃으로 피어나게 한 것이지. 그래서 히야신스는 아직도 잎에 'Ai, Ai(슬프다, 슬프다)' 라는 글자가 새겨져 있대. 아폴론의 슬픔은 아직도 골수에 사무치는가봐. 그만큼 사랑했겠지……

자신과 같은 성을 사랑하는 사람들.

그들은 자신들을 가리켜 '이반(異般)'이라고 부릅니다. 일반(一般), 즉 이성을 사랑하는 보편적인 사람들과 다른 동성애자, 양성애자, 성전환자 등의 성적 소수자를 뜻하는 말입니다. 동성애는 역사적, 사회적으로 대개의 경우 경멸과 금지의 대상[H]이었습니다. 남색(男色)은 영어로는 '소도미(sodomy)'라고 하는데, 그 기원이 성경에서 난잡하고 타락한 도시로 신의 진노를 사서 불덩이로 단죄되었던 소돔에서 비롯되었듯이, 사람들은 단순한 경멸과 혐오를 넘어서 거의 증오와 분노를 느끼며 받아들였습니다. 또한 동성애를 정신 질환으로 구분하여 동성애자들을 이상한 사람으로 취급하는 경향도 있었구요.

다만, 고대 그리스에서만은 예외입니다. 그리스의 남성들에게는 '생식은 아내에게서, 쾌락은 소년에게서'라는 인식이 뿌리박혀 있어서 미소년을 대상으로 하는 동성애는 성인 남성들만이 향유할 수 있는 특권처럼 인식되어서 남색이 경외시되지 않았죠.

1974년에 와서야 미국 정신의학회에서 공식적으로 동성애를 정신 질환 목록에서 삭제함으로써 그들을 미친 사람이 아닌 다른 시각에서 볼 수 있게 하는 기회가 되었습니다. 그렇다면 사람들은 왜 동성에게서 친근감을 넘어서 사랑을 느끼게 되는 걸까요?

동성애의 원인에 대해서는 상반된 두 견해가 맞서 있습니다.

첫째, 동성애 성향이 생물학적으로 결정된다고 보는 것입니다. 이 견해의 지지자들은 남성과 여성의 뇌구조가 다른 것을 예로 들면서, 동성애자들은 일반 이성애자들과는 다른 뇌구조를 가지고 있어서 동성에게 친밀감을 느낄 수밖에 없다고 말합니다. 이 견해를 옳다고 받아들인다면 동성애는 생물학적으로 타고 나면서 결정되는 것이기에 자신에게 주어진 숙명과 같은 것이 됩니다. 따라서, 거부할 수 없는 것이며, 그대로 살아간다고 해도 죄가 되거나 잘못하는 것이 아닙니다.

반면에 다른 하나는 동성애를 성장 과정의 결과로 보는 것이죠. 자라면서 여러 사람들을 거치고 다양한 환경들에 적응하면서 동성의 성격, 매력 등의 여러 것들에 이끌려 그에게서 이성과 같은 매력을 느끼고 사랑하게 된다는 이 이론은 동성애의 책임을 개인의 취향으로 간주하기 때문에 사회적 비난의 대상이 될 가능성이 높습니다.

동성애자들이 박해받은 역사는 이 좁은 지면이 모자랄 정도로 길기 때문에 여기서는 제외하기로 합시다. 모든 역사에는 혁명적인 사람들이 존재하는 법. 동성애라고 예외일 수 없습니다. 동성애자임을 스스로 밝힌 대표적인 인물은 독일의 변호사인 카를 울리히(1825

다양한 성적 취향의 자유

~1895)라고 알려져 있습니다.

그는 동성애가 선천적인 성향이므로 조물주로부터 받은 본능을 즐길 권리가 있다고 주장하면서 그동안 존재하던 동성애 금지법을 폐지시킬 것을 요구했지만, 사람들로부터 무시만 당했죠. 그러나, 이런 그의 주장은 동성애를 보는 시각에 변화를 주어, 타락한 인종들의 음란함으로 바라보던 시각에서, 고쳐야 하는 정신 질환의 증세로 보는 시각이 탄생하였습니다. 동성애자들에겐 또 한 번의 시련이 다가온 것이죠.

이제 실험정신에 불타는 의사들은 그들을 상대로 정신분석, 거세, 고환이식, 호르몬 처리, 전기충격, 뇌수술 등의 치료(?)를 하기

사람들은 왜 동성에게서 친근감을 넘어서 사랑을 느끼게 되는 걸까요?

시작했습니다. 그렇게 짓밟힘에도 동성애자들은 사라지지 않았으며, 그들은 타락한 범죄자나 정신병자로 치부되는 처지를 벗어나려고 애를 썼죠. 그리하여 1990년대부터 동성애의 생물학적 근거를 밝히려는 연구의 결과가 나타나기 시작했습니다. 이들은 동성애의 문제를 생물학적으로 바라보면서 두 가지 시각으로 연구를 했습니다.

첫 번째는 동성애는 뇌의 구조적인 차이에서 오는 문제라는 개념입니다. 대표적인 사람이 영국의 신경과학자인 사이먼 리베이 박사. 그는 1991년 8월 처음으로 동성애와 이성애를 즐기는 남자의 뇌구조에 차이가 있음을 밝혀내서 일약 유명인사가 되었습니다. 에이즈로 죽은 19명의 게이를 포함해서 이성애 남자 16명, 여자 6명 등, 41명의 뇌를 검시했는데, 시상하부의 간핵 네 개 중에서 세 번째 것의 크기에 차이가 현저하다고 발표한 것이죠. 시상하부는 성욕을 제어하는 영역인데, 제3간핵은 이성애자의 것이 게이보다 두 배 가량 컸으며 게이와 여자는 그 크기가 같았다고 발표한 것입니다.

두 번째는, 유전, 즉 우리의 유전자 속에 동성애 취향이 숨어 있다는 증거를 찾은 것입니다. 역시 1990년대 초, 심리학자인 마이클 베일리와 정신병학자인 리처드 필라드는 일란성 쌍둥이의 한쪽이 게이라면 다른 쪽도 게이가 될 확률이 높다는 연구결과를 발표했습니다. 동일한 유전자 전부를 공유한 일란성 쌍둥이는 57%가 둘다 게이인 반면에 유전자의 절반을 공유한 이란성 쌍둥이는 24%가 둘다 게이로 나타났다는 것입니다. 표본집단의 숫자나 선정 기준이 얼마나 유의 수준에 가까웠는지는 알 수 없지만 말입니다.

게다가 분자 생물학자인 딘 해머는 성염색체에서 게이 형제들이 공유한 유전자의 위치를 발견하고 게이 1호(GAY-1)라고 명명하기까지 했습니다. 소위 말하는 게이 유전자의 존재가 당시 최대 화제가 되었던 건 당연한 일이었습니다. 그렇지만 이들의 연구를 삐딱한 시선으로 받아들이고 여전히 믿지 않는 사람들도 많습니다. 그런 의구심이 들게 하는 이유는 뇌구조의 차이를 주장한 사이먼 리베이 박사나 게이 유전자를 발견한 딘 해머 둘 다 게이였기 때문이죠.

세상에는 이반을 바라보는 세 가지 시선이 존재합니다.

첫 번째는 동성애를 개인적 차원의 자유와 선택의 문제로 보는 것이죠. 타인의 자유와 권익을 침해하지 않는 한(억지로 동성애를 유도하거나 강요하지 않는 한) 또한 공동체의 존립에 심대한 위협을 가하지 않는 한 개인의 자유 문제이기에 그들이 사는 대로 내버려두라는 것. 소위 말해 '나에게 해는 주지 말고 너 하고 싶은 대로 해라' 라는 시각입니다. 개인적으로 저는 이 시선을 가진 사람에 속합니다. 수많은 사람들이 얽혀 사는 세상, 이런 사람도 있는 거고 저런 사람도 있는 거죠. 단지 서로의 프라이버시와 자유를 침범하지 않는 한도 내에서 생긴 대로, 개성대로 살아가면 좋은 거 아니겠어요?

두 번째는 동성애가 인류공동체의 존속에 심대한 위협을 주기 때문에 제거되어야 한다는 시각. 즉 동성애는 인류의 생물학적 재생산을 불가능하게 하고 가족제도를 뿌리채 흔든다는 시각이죠. 동성애로는 생식이 불가능하기 때문에 자손을 낳을 수가 없고, 제대로 된 가정을 만들 수 없기에 사회적으로 불가하다는 생각이죠. 하지만, 요즘 와서 이 시각은 조금 힘을 잃고 있습니다. 인구는 이미 포화 상태이고, 정상적(?)인 이성 부부들도 아이를 기피하는 경우도 많잖아요?

세 번째는 동성애를 혐오의 대상으로 생각하는 것입니다. 아직도 이런 시각을 가진 사람들이 많은데, 특히나 종교 단체에서 강한 거부감을 표시하며, '동성애 논란은 일고의 가치도 없다' 며 강력하게 반박합니다. 애초부터 타협이나 대화의 상대가 되지 못하니, 할말이 없네요.

제가 이 지면을 빌어 하고 싶은 이야기는 동성애 옹호론도 아니고, 그렇다고 동성애가 천성적인 것이기 때문에 어쩔 수 없다는 운명론도 아닙니다. 그렇게 믿기엔 아직은 자료가 부족하고, 결과에

대한 신뢰도가 떨어지거든요. 그저 다양성에 대해 좀더 이해하는 시
간들을 가졌으면 하는 바람입니다.

 관련 사이트

동성애자 인권연대 http://outpridekorea.com

동성애 관련 칼럼 http://my.dreamwiz.com/korean93/information/data/insik2.htm

4장 호르몬에 대하여

흐르는 물은 생명이다.

- 노자

기계가 고장나지 않고 제대로 돌아가기 위해서는 윤활유가 필요하듯이 우리 몸도 각 기관의 유기적인 조합을 위해서는 호르몬이 필요합니다. 그렇지만 윤활유가 단순히 뻑뻑한 기계 접합부를 부드럽게 해서 마모를 방지하고 동작을 쉽게 하는 것과 달리, 호르몬은 각기 다른 기능을 하고 그 자체가 생명을 유지하는 데 매우 중요한 역할을 합니다. 우리는 흔히 신체를 뼈와 살과 내장으로 만들어진 기계처럼 생각하기 쉬운데, 실은 보이지 않는 호르몬들이 몸 구석구석을 돌아다니면서 생명체가 생명으로서 기능할 수 있도록 해줍니다.

아이손의 회춘을 위해
비밀의식을 거행하는 메디아

이아손은 자신의 아버지와 조국을 버리고 메디아와 사랑의 도피 행각을 벌였지. 이아손이
메디아와 함께 다시 돌아왔을 때, 아버지 아이손은 너무 늙어서 이제 살날이 얼마 남지 않아 보
였어. 이아손은 그런 아버지를 보며 너무도 안타까워했지. 뛰어난 마녀인 메디아는 이아손의
슬픔을 보다 못해 시아버지의 생명을 연장시키는 주술을 써보기로 했어.

메디아는 저승의 여신 헤카테와 청춘의 여신 헤베에게 바치는 제단을 세우고, 주문을 외우
기 시작했어. 드디어 자신의 기나긴 기도에 신들이 응답하자 메디아는 아이손의 늙고 병든 육
신을 약초로 짠 자리에 눕히고 마법으로 깊은 잠에 빠져들게 하고는 가마솥에 비밀의 약을 끓
이기 시작했지.

이윽고 약이 다 되자 메디아는 칼을 뽑아 노인의 목에서 오래된 피를 뽑아낸 뒤 약을 부어
넣었어. 그랬더니 늙은 아이손은 하얗던 수염이 검어지고, 살빛이 되살아났어. 주름살에 덮여
있던 그의 살갗은 다시 근육으로 부풀어올랐고, 사지는 늘어나면서 힘줄이 불거지기 시작해
40년 전의 젊은 모습으로 돌아갔지.

하늘 높은 곳에서 이 모습을 내려다보고 있던 디오니소스가 자기를 기르느라 늙어버린 유
모들을 생각하고, 메디아로부터 이 약을 얻어갔을 정도로 젊어지는 약은 효과가 좋았대.

성장 호르몬과 노화

생물학적 계급사회를 다룬 영화 〈가타카〉에는 유전적 열성 판정을 받은 주인공 빈센트가 상류 사회에 진출하기 위해서, 유전자 증빙서를 파는 우성유전자 소유자를 소개받으러 비밀리에 유전자 거간꾼을 만나러 갑니다. 거기서 빈센트는 사고로 하반신 마비가 된 제롬을 소개받는데, 빈센트의 키가 제롬보다 10cm 정도 작은 것이 문제가 됩니다. 영화에서 빈센트는 결국 다리뼈를 늘이는 수술을 해 이 차이를 극복하게 되는데, 재미있는 것은 '키가 크다'라는 형질 역시 우성이라는 것이죠.

키가 큰 것은 여러모로 유리합니다. 높은 선반 위에 물건을 척척 올려놓고, 수많은 사람들이 몰려든 공연장에서도 시야를 방해받지 않고 즐길 수 있는 등의 좋은 점이 있습니다. 심리적으로도 키가 큰 사람들은 대범하고 성격도 시원시원하며 일도 잘할 것으로 생각됩니다. 따라서, 대통령이나 국회의원 등 공직에 출마하는 사람들은 키가 클수록 유권자들에게 신뢰감을 더욱 쉽게 줄 수 있고, 그 신뢰

영화 〈가타카〉의 한 장면

를 표로 연결하여 당선 될 확률도 높다고 알려 져 있습니다. 이 현상은 요즘 자라나는 아이들 에게도 영향을 미쳐서 요즘 학생들의 평균 신 장은 남자가 173.04cm, 여자가 160.49cm인데 도 (2001년 3월 조사 결 과) 자신들이 이상적으 로 생각하는 키는 모두 10cm 이상 큰 것으로 나타났습니다

이런 현실과 이상과의 괴리를 해결하기 위해서 등장한 것이 바로 키 커지는 약, '성장 호르몬' 입니다. 성장 호르몬(hGH, human Growth Hormone)은 말 그대로 개체의 성장을 촉진하는 호르몬을 가리키며 뇌에 있는 뇌하수체(pituitary gland)라는 기관에서 분비됩 니다. 또한 이것은 뇌 깊숙이 있는 시상하부(hypothalamus)에서 있 는 성장 호르몬 유리인자(GHRF, Growth Hormone-releasing Factor)라는 물질의 자극을 받아 나오게 되는데, 이 성장 호르몬 유 리인자는 잠을 잘 때 많이 나옵니다. 옛 어른들이 말씀하시길, '아이 들은 잘 때 쑥쑥 키 크는 소리가 들린다' 라고 하셨는데 실제로도 잠 을 잘 자는 것은 성장에 도움을 줍니다.

어쨌든지 간에 이 성장 호르몬은 자라는 아이들의 키에 분명히 영향을 미칩니다. 따라서, 요즘처럼 외모가 중시되는 시기에 이러한 호르몬은 '기적의 약물'처럼 받아들여지기 마련이죠. 실제로 성장 호르몬이 전혀 분비되지 않는 아이들의 경우, 기대 신장보다 절반 혹은 2/3 정도만 자라기 때문에 성장 호르몬 투여는 신장의 증가뿐 아니라 위축되었던 아이들의 자신감도 길러줄 수 있습니다. 키는 절대적으로 뼈의 길이에 의존하기 때문에, 성장 호르몬의 투여는 뼈의 성장판이 닫히기 전인 15세 이전에 해야 효과가 있습니다.

그러나, 요즘 와서 성장 호르몬이 각광받기 시작한 이유는 다

성장 호르몬 과잉 시대

른 기능이 있다는 사실이 밝혀졌기 때문입니다. 성장 호르몬은 성장기와 20대 초반에 최고 수치를 기록한 다음 10년마다 14% 정도씩 감소하게 되는데, 여기에 지방을 분해하는 대사 작용을 촉진하는 기능이 있어서 이것이 부족하면 지방 침착이 생깁니다. 나이가 들면 20대 때와 똑같이 먹고 똑같이 운동을 해도 살이 찌고 배가 튀어나오는 것을, 지금까지는 그저 기초 대사량의 저하 때문이라고 여겼는

데, 이 현상에 성장 호르몬도 적잖게 기여한다는 연구 결과가 나왔습니다. 임상 실험에서 중년의 성인들에게 성장 호르몬을 투여한 결과, 복부의 지방이 현격하게 감소했거든요.

골디 혼

또한 성장 호르몬은 요추골의 골밀도와 근육을 증가시키는 작용도 하므로 성장 호르몬이 부족하면 피부가 얇아지고 근육이 감소하며 심장과 폐, 신장 기능이 저하되고 콜레스테롤 수치가 증가한다고 해요. 그런데, 가만히 살펴보면 이는 바로 우리가 '노화'라고 부르는 현상과 일치합니다. 여기서 사람들은 '혹시 성장 호르몬 수치를 20대와 같은 수준으로 유지하면 늙는 것을 상당히 지연시킬 수 있지 않을까?'라는 질문을 던지게 되었고, 실제로 임상 실험 결과, 상당한 효과를 보는 것으로 보고되었습니다.

자, 그렇다면 이 성장 호르몬의 노화 방지 효과에 가장 눈독을 들인 사람은 누구일까요? 바로 이미지로 먹고 사는 할리우드 스타들입니다. 그들에겐 젊고 아름다운 몸이 재산이니까요. 대표적인 사람이 미국의 배우 골디 혼[H]인데, 그녀는 성장 호르몬의 추종자로 알려져

문득 〈죽어야 사는 여자〉라는 영화가 떠오르는군요. 영원한 젊음과 미모를 원하는 두 여자가 불로불사의 약을 먹고 원하는 젊음과 생명을 얻습니다. 그러나 관리를 제대로 못해서 온몸이 다 잘려나가 접착제로 이어붙이면서도 살아야만 하는 모습을 보여준 엽기적인 블랙코미디였습니다.

영화 〈죽어야 사는 여자〉 포스터

있고, 의료계에서는 300명 이상의 할리우드 스타들이 이를 사용한다고 추산하고 있습니다. 확실히 발빠른 사람들이죠.

원래 상품화된 성장 호르몬은 말 그대로 왜소발육증 환자나 거인증 환자를 치료할 목적으로 만들어져 미국 식품의약청(FDA)의 사용 승인을 받은 최초의 공식 호르몬 치료제였습니다. 또한 초기의 성장 호르몬은 천연 호르몬이었기에 그 양이 제한될 수밖에 없어서 한 달 호르몬 투여비가 1천 5백 달러(약 2백만 원) 정도로 비싸서 할리우드 스타를 비롯한 일부 계층에서만 사용할 수 있었습니다. 그러나 현재는 호르몬 유도제가 개발되어 비용이 한달에 1백 달러대로 현저히 낮아졌고, 매일 주사를 맞아야 하는 번거로움에서 탈피해 알약이나 패치 형태의 성장 호르몬 제제도 등장해서 일반인도 큰 부담 없이 살 수 있게 되었습니다.[H]

자, 이제 판도라 상자의 뚜껑이 열렸습니다. 이 시장은 어마어마합니다. 지금껏 성장 호르몬은

> 미국에는 다양한 성장 호르몬 약제들이 소개되고 있는데, 원래 성장 호르몬은 원액을 주사로 맞는 것이 원칙이지만 바늘을 무서워하는 사람들이 많아서, 현재는 알약 형태 (성장 호르몬 원액이 아니라 릴리서 releaser라는 성장 호르몬 유도 물질입니다)와 구강 흡입 스프레이 형태도 나와 있습니다. 그러므로 굳이 병원에 가지 않더라도 성장 호르몬을 구할 수 있습니다.

그저 키가 작은 아이들의 키를 늘려주기 위해 성장기에 잠깐 사용하는 것으로 인식되어서 정말 필요한 사람만이 비싸게 사서 주사하는 것이 대부분이었습니다. 그러나, 이 성장 호르몬이 노화를 방지하는 역할을 한다면 이는 문제가 다릅니다. 지금까지 사람들은 노화란 어쩔 수 없는 생리적인 현상이라고 생각하고, 눈가의 주름은 세월이 가져다 준 훈장이며, 하얀 머리카락은 삶의 연륜이라고 생각했죠. 하지만, 이제 사람들은 점차 노화를 '병'으로 인식하고 있습니다. 완전히 고칠 수는 없지만, 관리만 잘 하면 호전시킬 수 있는 병 말이죠. 그래서 사람들은 성장 호르몬에 주목하고 있습니다.

하지만, 성장 호르몬이 노화를 완벽하게 막아낼 수 있으리라는 기대를 섣불리 해서는 안 됩니다. 성장 호르몬의 부작용 중 가장 위험한 것이 암의 확산입니다. 아시다시피 암은 세포 분열 주기가 교란되어 세포가 죽지 않고 끊임없이 분열하는 것인데, 가뜩이나 왕성하게 잘 자라는 암세포에 성장 호르몬까지 들어가면 그야말로 모닥불에 기름 붓는 격이 되어서 암세포는 미친듯이 성장하거든요. 그리고 당뇨병 환자의 경우, 인슐린 흡수를 저해해서 혈당치가 높아질 수도 있구요.

또한, 노화 방지에 성장 호르몬이 널리 쓰이게 된다면 결국에는 노화란 '돈 없는 사람들만 걸리는 후진국형 병(丙)'으로 인식될지도 모릅니다. 부유한 계층의 사람들은 부지런히 몸을 가꾸고 엄선된 고품질의 성장 호르몬을 매일 공급받아 언제까지나 탱탱한 피부와 윤기나는 머릿결을 가지고 살아갈 수 있는 반면, 가난한 사람들은 오는 세월에 속수무책, 그냥 늙어가는 수밖에 없으니 결국에는 성장 호르몬을 둘러싼 계층간의 위화감이 생길 수도 있겠죠.

에이, 설마 그런 일이 벌어질라구요?

글쎄요, 미래는 아무도 모르는 것이니까요.

 관련 사이트

성인 성장 호르몬 클리닉 http://hormone75.co.kr/hormone_1.html

http://www.kigaker.net/SJhormone.files/SJhormone.htm

국내 성장 호르몬 판매 http://www.endocrinology.or.kr/banner/lgchemical/eutropin.htm

http://www.lillykorea.co.kr/product/disease/disease_huma.htm

이룰 수 없는 슬픈 사랑, 피라모스와 티스베

피라모스의 죽음을 보고 오열하고 있는 티스베

이웃이었던 피라모스와 티스베는 서로 사랑했지만, 그들의 부모는 이를 허락하지 않았지. 그래서 둘은 몰래 떠나기로 했어.

숲속 커다란 뽕나무 아래에서 만나기로 약속한 뒤 먼저 도착한 피라모스는 사자가 티스베의 베일을 물어뜯고 있는 것을 보았어. 그녀가 사자에게 잡아먹힌 걸로 잘못 생각한 피라모스는 칼을 뽑아 그만 자신의 가슴을 찔렀지. 그러나 사자는 단지 티스베의 잃어버린 베일을 물어뜯고 있었던 거야. 뒤늦게 약속 장소에 도달한 티스베는 죽어가는 그를 보고 오열했지.

"당신의 손, 당신의 사랑이 당신을 죽였군요. 죽음이 당신을 내게서 떼어놓았지만, 우리를 갈라놓을 수는 없어요. 무정한 부모님들이시여, 원하오니 저희 소원을 이루어주소서. 뜨거운 사랑과 죽음의 손길이 우리를 하나 되게 하였습니다. 그러니 우리를 한 무덤에 묻어주소서. 이미 내 사랑의 주검을 보았고 곧 내 주검을 내려다볼 나무여, 우리의 죽음을 영원히 기억하시어 사람들이 우리가 흘린 피를 되새기도록 그대 열매를 어둡고 슬픈 색깔로 물들여주세요."

이렇게 울부짖은 티스베는 피라모스의 온기가 아직 남아 있는 칼을 가슴에 안고 쓰러졌대. 신들은 티스베의 기도를 들었고, 양가의 부모도 티스베의 뜻을 알고는 그 뜻이 이루어지게 했지. 그리하여 둘은 한 무덤에 묻혔고, 그들의 피를 흡수한 뽕나무는 오디를 검붉은 핏빛으로 물들임으로써 아직도 그들의 사랑을 기억하고 있단다.

사랑과 호르몬

20

사랑, 사랑, 사랑.

너무나 많이 쓰여 이젠 식상하게 느껴지지만, 이만큼 들을 때마다 설레이고 생각할수록 가슴 아리는 말은 아마 없을 것입니다. 누구나 한 번쯤은 그 누군가를 그리워했을 것이고, 때로는 세상이 무너지는 듯한 이별의 아픔도 겪어보았을 것입니다.

누군가를 사랑하기 시작할 때, 연인들은 서로에게 영원한 사랑을 맹세합니다. 그러나, 세월이 지나고 처음에 가졌던 설레임이 단조로움으로 변하면 사람들은 서로에게 싫증을 느끼고, 조금씩 조금씩 이별을 준비합니다. 그래서, 사람들은 만났다가 헤어지고, 헤어졌다가는 외로움에 못 견뎌 또다시 만납니다. 도대체 왜?

사람들은 왜 사랑이라는 것을 할까요?

누군가는 말합니다. 인간은 섹스에 미친 동물이라고. 유전자를 남기겠다는 목표가 없이도, 혹은 그러한 목적을 귀찮아하며 사람들

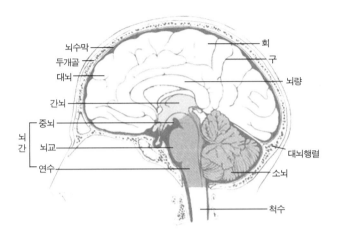

인간 뇌의 단면도

은 섹스를 즐깁니다. 마치 섹스를 위해 살아가는 존재들처럼. 이런 자신들의 행동이 부끄러워진 인간들은 그 행동에 이유를 붙입니다. 이런 행동을 하는 것은 '사랑' 하기 때문이라고요.

2000년 초, 미국 코넬대 인간행동연구소의 신시아 하잔 교수팀은 다양한 문화 집단에 속한 5천 명의 남녀를 대상으로 설문조사를 한 결과, 가슴 뛰고 싸한 사랑의 감정은 빠르면 18개월에서 길어야 30개월 정도 지속된다는 연구 결과를 발표했습니다. 참, 별걸 다 연구합니다만, 여기서 질문 하나 할까요? 그렇다면 과연 사랑에도 식품처럼 유효기간이 있을까요?

과학자들이란 무엇이든 분석하고 정의내리고 싶어하는 사람들이죠. 이들은 사랑이란 감정을 두뇌의 '화학적 작용의 결과'라고 인식하고 있습니다. 우리의 뇌는 여러 가지 작은 구조들로 나뉘어 있는데 그중 변연계(limbic system)라는 부위가 있습니다. 이 변연계는 시상, 시상하부, 해마, 뇌하수체로 구성되어 있는데, 각종 화학물질, 즉 신경전달 물질과 호르몬을 분비하여 감정을 조절하는 기관이라고 알려져 있습니다. 이들은 사랑이라는 감정은 이곳에서 분비되는 도파민, 페닐에틸아민, 옥시토신, 엔돌핀 등의 호르몬이 분비되어 느껴지는 것이라고 주장하고 있죠.

그렇다면 이 호르몬들은 과연 어떤 역할을 하길래, 사랑이라는 감정을 만들어내는 걸까요? 먼저 도파민부터 살펴보죠. 도파민은 감정을 조절하는 데 가장 중요한 역할을 하는 신경전달물질로 신경흥분을 유도하여 기분이 좋아지게 합니다. 따라서, 상대에게 호감을 느끼는 시기에 이 도파민 분비량이 증가한다고 해요. 마치 조건 반사처럼 상대의 얼굴을 보면 도파민 분비가 늘어나게 되니까 기분이 좋아지고, 연애 초기에는 사랑하는 사람의 얼굴만 보면 행복해지는 겁니다.

일단 여기에 중독되면 그 사람을 못 보면 도파민이 나오지 않게 되니까 불안하고 우울해지며, 마치 마약 중독처럼 애타게 그리워합니다. 또한 도파민은 성충동과 상당히 밀접한 연관이 있어서, 마약을 통한 성충동이 고조되는 현상은 도파민 분비의 증가에 영향을 받는다고 해요. 2001년에 언론 최대의 마녀 사냥의 대상이 되었던 황수정 씨 사건에서도 마약을 최음제로 썼다는 이야기가 돌아서 사람들의 가십거리가 되었죠.

자, 이제 도파민은 페닐에틸아민에게 자리를 넘겨줍니다. 페닐에틸아민은 체내에서 분비되는 일종의 각성제라고 보면 됩니다. 따라서 페닐에틸아민 수치가 높아지면, 커피나 각성제를 다량으로 마신 것처럼 정신이 맑아지고 흥분되며, 상대에 대한 멈출 수 없는 애정의 샘이 솟아오른답니다.

이 물질은 초콜릿에 많이 들어 있어서, 고대 잉카 제국에서는 초콜릿을 최음제로 사용했다는 기록도 남아 있습니다. 발렌타인 데이에 연인에게 초콜릿을 선물하는 것도 같은 이유겠죠? 그러고 보면 예전 사람들도 초콜릿의 달콤함에 더해서 그 속에 든 페닐에틸아민 성분이 가져다 주는 연인에 대한 최면 효과가 있다는 것을 알고 있었나 봅니다.

이쯤되면 뇌는 이제 이 인간이 사랑을 빌미삼아 자신의 후손을 남기고 싶다는 욕구를 분출하게 만들어야 한다는 생각을 하게 됩니다. 어쨌거나 생명체의 궁극적인 목적은 유전자의 지속과 번성이니까요. 자, 이제 기다리고 있던, 옥시토신이 등장했네요. 원래 옥시토신은 자궁 수축 호르몬으로 아이를 낳을 때 대량으로 분비됩니다. 이 기능을 역이용해서 인공 유산을 시킬 때, 아직 태어날 때가 되지 않은 태아를 낳기 위해 옥시토신을 정맥 주사하기도 합니다.

또한 옥시토신은 짝짓기, 성적 흥분의 유도, 오르가즘을 느낄 수 있게 해줄 뿐 아니라, 출산, 수유 등 모성행동이 필요할 때 다량으로 분비된답니다. 따라서, 사람들은 누군가를 사랑하면 단순히 상대의 몸과 마음을 탐하는 것을 넘어서서 상대의 모습을 닮은 아이를 갖고 싶다는 생각을 자연스레 하게 되지요.

아, 글쎄, 그 약은 유효기간이 지난 거라니까……

어떻게 된 건지 해명을 좀 해보라구!

사랑의 묘약에도 유효기간이 있다

이제 마지막으로 엔돌핀이 등장합니다. 엔돌핀은 일종의 체내 마약 물질로, 통증을 완화시키고 기분을 아주 좋게 해주는 호르몬입니다. 엔돌핀이나 엔케팔린 등은 고통을 잊게 하고 기분을 고양시키는 역할을 합니다. 사람들이 마약을 통해 환상이나 충족감, 황홀감을 느끼는 것은 엔돌핀이 결합하는 수용체에 마약이 결합하여 엔돌핀과 같은 효과를 가져오기 때문이죠.

신시아 하잔 박사팀의 연구 결과에 따르면 사람이 사랑하면 앞에서 말한 신경전달물질과 호르몬이 나와서 기분이 좋아지고 행복해진다고 합니다. 그러나, 길어야 30개월 정도만 지나면 대뇌에 이런 종류의 물질에 대해 내성이 생긴다고 해요. 마치 처음에는 진통제한 알이면 되던 것이 점점 중독이 되어 나중에는 마약성 물질을 부어넣어도 고통을 느끼는 환자처럼 말이에요.

몇 가지 약물 중독에 대한 정의를 살펴보죠.
1. 자꾸만 찾게 된다(의존성).
2. 점점 더 많은 양을 써야 효과를 볼 수 있다(내성).
3. 사용하지 않으면 견딜 수 없게 된다(금단현상).
4. 반사회적인 행동을 야기한다.

사랑도 일종의 중독입니다. 행복한 감정을 느끼게 했던 호르몬에 의한 중독. 시간이 지나면 약물에 중독되어 점점 더 많은 약이 필요하듯이, 시간이 흐를수록 상대에 대해 점차 기대하는 것이 커지고, 단지 서로 바라만 봐도 족했던 시절을 지나 상대에게 점점 더 많은 것을 원하게 됩니다. 그러다가, 약을 끊으면 고통에 겨워 어쩔 줄 몰라하는 중독자처럼 소홀했던 상대가 떠나간 후에야 그 빈자리의 아픔에 몸서리치고 괴로워하게 되지요.

동물들은 일정한 기간에만 사랑을 나눕니다. 그 시간이 지나면 그들은 서로에게 의미가 없는 존재가 되어버리지요. 하지만, 사람은 유일하게 평생을 사랑하며 살 수 있는 존재입니다. 그렇게 진화되어 왔다는 것은 우리에게 사랑이 그만큼 소중하고 행복한 감정이기 때문입니다. 수억 년의 진화가 인간에게 남겨준 선물인 것이죠.

관련 사이트

사랑 호르몬에 대하여 http://myhome.netsgo.com/putnaeki/data/p_chemic.htm

전남대 호르몬 연구센터 http://altair.chonnam.ac.kr/~hrc/main/framekindex.html

연세대 신경해부학, 조직학 http://128.134.207.22

스틱스 강에 아들을 적시는 테티스

아킬레우스의 건(腱)

물의 여신 테티스는 아들 아킬레우스를 무척 사랑했어. 그녀는 인간인 아버지를 두어서 한정된 생명을 가지고 태어난 아킬레우스에게 죽음의 고통을 겪게 하고 싶지 않았어. 그래서 테티스는 아킬레우스가 어렸을 때, 낮에는 신들의 음식인 암브로시아를 향유처럼 그의 몸에 발라주고, 밤에는 아들을 불 속에 묻어둠으로써 그를 불사신으로 만들려고 했지.

그런데 어느 날 남편 펠레우스는 테티스가 아킬레우스를 불에 던져넣는 장면을 목격하고 놀라서 그를 불 속에서 꺼냈어. 아킬레우스를 불사의 몸으로 만드는 데 실패한 테티스는 이번에는 그를 저승의 강인 스틱스에 담갔어. 이 강에 몸을 적신 이는 불사의 몸이 될 수 있다는 믿음이 있었기 때문이지. 그런데 그때 테티스가 아킬레우스의 발뒤꿈치를 붙들고 있었기 때문에, 그곳만은 물에 젖지 않아 불사의 힘을 얻지 못했어. 나중에 아킬레우스는 트로이 전쟁에서 파리스가 쏜 독화살에 발뒤꿈치를 맞아 죽고 말았지.

결국 아들을 불사의 몸으로 만들기 위해 노력했던 테티스의 수고는 인간이라면 누구나 겪어야 하는 죽음의 숙명을 결국 피해가지 못했대.

　　요즘은 달리기가 한창 붐입니다. 저도 매일 달리기를 꾸준히 하고 있는데, 러닝머신 위에서 비오듯 땀을 흘리며 달리기에 열중하다 보면 어느덧 상쾌함을 느끼게 되더군요. 꼭 러닝머신의 도움을 받지 않더라도 거리에서 달리는 사람들의 모습을 심심찮게 볼 수 있는데다가, 각 지방 자치 단체들마다 마라톤 대회를 여는 게 유행처럼 번지고 있더군요. 자, 그럼 사람들은 왜 달리는 걸까요?

　　어떤 사람들은 하루라도 달리지 않으면 좀이 쑤셔서 못 견디겠다고 합니다. "무릎은 아프지, 숨은 턱에 차지, 옆구리까지 쑤시면 단한 걸음을 떼어놓는 것도 고통스러운데 어떻게 달리기가 즐거워?"라고 반문하는 사람들에게는 한 말씀 드리고 싶네요. 달리기의 참맛을 느끼기 위해선 좀더 달려야 한다고요.

　　우리의 몸은 고통을 느끼면 이에 대한 여러 가지 스트레스 반응을 보입니다. 달리기로 인해서 숨이 차고 근육이 산소를 소비하여 에너지가 필요하면, 우리 몸은 이를 고통으로 느끼고 이에 대한 대처를 하게 되죠. 그래서 달리기를 하고 어느 정도 한계를 넘어서면 뇌에서 엔돌핀을 분비하도록 합니다. 이를 '러너스 하이(runner's high)'라고 하는데, 이 상태가 되면 기분이 상쾌해지고 뛰는 게 더 이상 고통스럽지 않으며 몸이 날아갈 듯 가벼워지는 것을 느낄 수 있습니다. 이 용어를 처음 쓴 사람은 캘리포니아대 심리학자인 아놀드 J. 맨델인데, 1979년에 발표한 정신과학 논문 「세컨드 윈드(Second Wind)」에 처음 이 말을 썼다고 해요.

이 러너스 하이 상태의 기분은 상당히 좋은 것으로 달리기를 통해 반복적으로 이런 기분을 느끼다 보면 나중에는 '러너스 니(runner's knee, 육상선수에게서 많이 나타나는 부상으로 달리기로 인한 충격으로 무릎이 망가지는 것)'가 생겨도 아픈 다리를 질질 끌고 달리기를 하러 나가는 경우도 생긴다네요.

오호라, 달리기를 하면 처음에는 고통스럽지만 나중에는 환희에 차게 된다? 그럼 과연 이 러너스 하이가 오는 이유는 무엇일까요?

학자마다 의견은 분분하지만, 달리기를 하면 뇌에서 호르몬의 변화가 일어난다는 데에는 대체로 동의하는 편이지요. 그 중 가장 유명한 것은 엔돌핀의 증가설입니다.

엔돌핀은 엔케팔린, 다이놀핀 등과 더불어 체내 마약물질로 분류됩니다. 엔돌핀은 그 이름 자체가 '체내에서 생기는(endogenous) + '진통제(morphine)'라는 뜻이거든요. 이 엔돌핀은 신경계, 특히 통증을 느끼는 신경 세포의 자극을 차단하여 고통을 느끼지 않게 하고, 나아가서 마치 마약처럼 기분이 좋아지고 행복해지게 하죠. 실

러너스 하이 상태가 되면 기분이 상쾌해지고 뛰는 것이 더 이상 고통스럽지 않으며, 몸이 날아갈 듯 가벼워지는 것을 느낄 수 있다.

제로 마약류의 성분들은 체내에서 엔돌핀이 반응하는 수용체에 결합하여 마치 엔돌핀이 분비된 것처럼 뇌를 속여서 환상, 고양감, 극치감, 황홀감 등을 느끼게 하는 것이죠.

　엔돌핀은 기분을 좋게 하는 호르몬이지만, 아이러니컬하게도 주로 인체가 위험 상황에 직면하거나 극심한 통증을 느끼거나 엄청난 스트레스를 받을 때 증가합니다. 앞에서 언급한 것처럼 힘들게 달리기를 한 뒤나, 심한 통증을 느낄 때 주로 분비되죠. 차에 치인 사람이 온몸에 상처를 입었는데도 아픔을 느끼지 못하고 벌떡 일어나는 경우도 이에 속합니다. 또한 전기자극을 받거나 지나치게 뜨거운 사우나에 들어갔을 때, 그리고 성교시에 갑자기 분비가 증가합니다.

저게 행복하대.....

쟤, 왜 저렇게 달린다니?

러너스 하이에 빠진 다람쥐

통증은 개체에 더 이상의 위해가 가해지지 않도록 하는 중요한 생리적 신호지만, 통증이 지속되면 개체는 우울해지고, 화도 나며 무기력해지는데다가 심해지면 피가 굳어지는 혈전증이 발생합니다. 또한 면역력이 떨어지고, 쇼크와 탈진으로 인해 어떤 치명적인 상처보다 통증 자체로 생명이 위험할 수 있습니다. 따라서, 이때 통증을 진정시키고 개체에 생명력을 보장하도록 기능하는 것이 바로 엔돌핀인데, 그 진통 효과는 엄청나서 병원에서 말기암 환자의 고통을 덜어주기 위해 사용하는 모르핀보다도 1백~3백 배 정도의 효과가 있다고 해요.

달리기도 마찬가지입니다. 달리는 것은 고통스럽기는 하지만 근육을 강화시키고 심장을 튼튼히 하는 데 좋습니다. 우리 조상이 야생에서 살았던 시절에는 빠르고 오래 달리는 것이 생존과 직결되었습니다. 따라서, 개체가 힘든 달리기를 견디게 하기 위해서는 그에 따른 '보상'이 필요했을 테고, 생명체는 그 대가로 엔돌핀을 분비하는 시스템으로 진화해왔을테죠.

자, 개체가 스트레스를 받으면 엔돌핀을 비롯한 체내 마약이 분비된다고 했는데, 그렇다면 생명체가 가장 스트레스를 받는 순간은 언제일까요?

바로 '죽음의 순간'입니다. 자신의 생명이 끝나는 순간이 되면 생명체는 극도의 공포를 느끼게 되고, 순간 엔돌핀 수치가 최고로 올라갑니다. 그래서 '임사 체험(NDE, Near-Death Experience)'은 바로 이 엔돌핀의 작용이라고 추측되곤 합니다.

가끔씩 '죽었다 살아난' 사람들을 볼 수 있습니다. 사고로 심장이 몇 분간 정지했는데, 심장 마사지로 살아 돌아온다거나 호흡이 멎었는데 심폐 소생술로 다시 살아난 경우 등 다양합니다. 대부분은 의식이 없었던 순간을 기억하지 못하나, 간혹 신기한 경험을 했다고 주장하는 사람들이 있습니다. 이들의 경험은 크게 두 가지로 나뉘는데, 절대적인 순수한 빛의 갈무리를 봤으며 다시는 돌아오고 싶지 않을 정도로 따뜻함을 느꼈다는 부류와 엄청난 암흑의 공포 속에서 헤맸다는 부류가 있습니다.

혹자들은 이를 빗대어 천국과 지옥의 존재라고 말하기도 하지요. 하지만, 밝은 빛에 도달한다는 비교적 흔한 체험이 엔돌핀의 분비 때문이라는 설이 대두된 것이죠. 수잔 블랙모어의 저서에서 소개한

브리스톨 대학의 시각 연구자 토마스즈 S. 트로시안코 박사는 다음과 같이 추론하고 있다죠.

만약 당신에게 매우 작은 신경잡음이 시작되고 이것이 점점 커진다면, 그 효과는 마치 중심에 빛이 보이고 점차 그 빛이 커지므로 더 가까워지는 것으로……

잡음이 커질수록 터널이 움직이며 중앙의 빛이 점점 커지는 것으로 나타난다……. 만약 피질 전체가 잡음으로 가득 차서 모든 세포가 신경반응을 나타내면 전체가 모두 빛으로 보인다.

(토마스즈 S. 트로시안코, 〈수잔 블랙모어, 85〉의 저서에서 인용).

블랙모어는 임사 체험의 일부에서 나타나는 극도의 편안함은 극심한 스트레스 상황에서 분비되는 엔돌핀 때문이며, 머릿속에서 나는 소리는 대뇌산소 결핍증이 뇌세포에 미치는 영향 때문이라고 설명하고 있습니다. 이에 대해 칼 잰슨이라는 사람이 케타민이라는 마취제로 실험하여 증명한 바 있구요. 예를 들어 어두운 터널을 지나서 빛으로 나아가는 것, 내가 죽었다고 느끼는 것, 신과의 대화, 환각, 유체이탈 경험, 이상한 잡음 등을 케타민 마취를 통해서 모두 재현할 수 있다고 합니다. 물론 이것이 이러한 사후 세계가 없다는 것에 대한 증거는 될 수 없지만, 적어도 임사 체험이 사후 세계를 나타내는 것이 아니라는 것은 추론할 수 있죠.

신체의 위협은 고통을 가져오고, 고통은 다시 스스로를 이기고 개체가 살아남기 위해 환희를 준비합니다. 극단의 고통이 오히려 극치의 고양감을 가져온다는 것에서 우리는 생명체의 경이적인 진화에 놀라움을 금할 수 없습니다. 극한은 극한으로 통하는 것, 그래서 생명은 신비롭습니다.

 관련 사이트

러너스 하이 홈페이지 http://www.runhigh.com

임사 체험 http://www.near-death.com

　　　　http://www.rathinker.co.kr/skeptic/nde.html

칼 잰슨의 케타민 실험 http://www.mindspring.com/~scottr/nde/jansen1.html

에로스의 사랑을 받는 아름다운 프시케,
그녀는 이후 아프로디테의 미움을 사서
깊은 고생을 한다.

죽음의 잠에 빠져든 프시케

프시케는 언니들의 꼬임에 빠져 얼굴을 보여주지 않는 남편이 괴물이라는 생각에 그가 잠든 틈을 타 단도를 지니고 침실로 들어갔지. 그러나 촛불 아래 드러난 그의 얼굴은 너무나 아름다웠어. 그는 바로 미의 여신인 아프로디테의 아들 에로스였으니까. 그녀는 자신도 모르게 그를 자세히 보려다 그만 뜨거운 촛농을 그에게 떨어뜨렸어. 놀라 잠에서 깨어난 에로스는 자신의 얼굴을 보지 않겠다는 약속을 어긴 프시케를 떠나버렸어.

절망한 프시케는 에로스를 찾아 백방으로 수소문했으나 허사였어. 프시케는 결국 아프로디테가 살고 있는 궁전으로 찾아갔지만, 그녀는 냉정했지.

"내가 요즘 어깨에 화상을 입은 아들을 간호하느라 아름다움을 잃고 말았구나. 프시케, 지금 곧 저승으로 가서 저승의 여왕 페르세포네에게서 아름다움을 조금 얻어오너라."

산 사람의 몸으로 저승까지 다녀올 수 있었던 건 순전히 에로스를 다시 보고 싶은 소망 때문이었지. 그러나 프시케 역시 남편에게 아름답게 보이고 싶은 욕망 때문에 페르세포네가 절대로 열어보지 말라던 '미(美)의 병'을 열어보고 말았어. 그리고 프시케는 쓰러졌지. 병 안에는 '죽음 같은 잠'이 들어 있었어. 미인은 잠꾸러기라지만, 인간의 몸으로 죽음의 잠을 이길 수는 없었지.

22

생체 시계와 멜라토닌

몇 년 전 잠깐 뉴욕에 간 적이 있었습니다. 다리 하나 제대로 펼 수 없는 좁은 기내에서 갈 때 14시간, 올 때 18시간을 쭈그리고 있는 것도 힘들었지만, 역시 가장 적응하기 힘든 건 시차였습니다. 처음 사나흘 동안 도무지 점심만 먹으면 졸리기 시작해서 참고 참다가 드디어 저녁에 잠에 빠져드는데 깨어나면 꼭 새벽 3시더군요. 아는 사람 하나 없는 이국땅에서 새벽에 홀로 깨어 있다는 것은 그리 좋은 경험은 아니었죠.

그렇다면 과연 시차란 무엇일까요? 시차란 세계 각국에서 채용한 표준시의 차이를 말합니다. 세계 표준시는 영국의 그리니치 천문대를 기준으로 경도 15도마다 1시간씩 차이가 나는데 우리나라는 그리니치보다 9시간이 빠릅니다. 미국이나 캐나다, 러시아, 인도네시아 등 동서로 넓은 국토를 가진 나라들은 국내에 몇 개의 표준시를 가지고 있어서 같은 나라인데도 지역마다 시간이 다릅니다. 제가 갔던 뉴욕은 우리나라와 14시간의 차이가 납니다. 즉, 우리나라가 오전 10시면, 뉴욕은 그 전날 오후 8시라서 밤낮이 뒤바뀌게 됩니다. 우리의 몸은 바이오리듬이 있어 일정한 사이클로 뇌가 각성하고 잠이 드는데, 이것이 바뀌면, 낮에는 졸음이 쏟아져 제대로 일을 못하고, 새벽녘에는 오히려 잠이 안 와 고생하는 경우가 생기지요. 시차에 적응하는 가장 손쉬운 방법은 여행을 떠나기 전에 자신이 가야 할 지역의 시차를 예상하고 미리 적응하는 거죠. 장거리 여행을 떠나기 며칠 전부터 그 나라 시간에 맞춰 생활한다든지 해서요.

요즘에는 이런 소극적인 대처 외에도 적극적인 방법이 많이 생겨나고 있는데, 가장 유명한 것이 멜라토닌이라는 호르몬을 이용한 수면 주기 조절법이랍니다. 수면에 들어가고 깨어나는 일련의 과정에 인체 호르몬의 일종인 멜라토닌이 관여한다는 것은 이미 알려진 사실입니다.

멜라토닌은 우리의 두뇌 깊숙이 위치한 송과선이란 부위에서 분비되는 호르몬으로, 망막에 도달하는 빛의 양에 의해 분비량이 조절되는데, 낮이 되어 눈으로 들어오는 빛의 양이 늘어나면 멜라토닌 분비가 줄어들고 밤이 되어 어두워지면 늘어납니다. 이때 외부적으로 멜라토닌을 복용하면 인체 내부에서 인위적인 밤이 만들어지고 수면을 촉진하는 효과를 가져오는 것이지요.

연구결과에 의하면, 실제 불면증 치료와 시차로 인한 피로 회복에 멜라토닌은 탁월한 효과를 발휘하는 것으로 밝혀졌습니다. 또한 멜라토닌은 매우 안전해서 보통 사용량의 수백 배를 복용해도 별 이상이 없다는 것이 동물 실험을 통해 밝혀져, 까다롭기로 유명한 미식품의약청조차 멜라토닌 판매를 용인하는 실정입니다. 현재 멜라토닌은 약품이 아닌 건강식품으로 분류되고 있으며, 1개월치가 10달러에 불과해 미국 내에선 누구나 쉽게 살 수 있다고 해요.

자, 이제 멜라토닌이 수면과 관계가 있다는 건 알았으니, 좀더 근본적인 질문을 해보죠. 왜 우리의 몸은 굳이 일정한 시간에 잠이 들기를 원하는 걸까요?

두 눈으로 똑똑히 바라보고 있는 사실조차도 믿을 수 없다는 것을 처음 알았습니다. 그 커다란 건물이, 위풍당당하게 전세계의 경제권을 쥐고 뒤흔들 것 같은 높은 건물 두 채가 마치 카드로 만든 집 마냥 힘없이 무너져 내렸습니다.

〈2001. 9. 11 월드트레이드 빌딩이 무너지던 날〉

간혹 이런 대형 붕괴사고가 일어나면 가장 초점이 되는 것은 역시 매몰된 사람들이 살아 있는지에 대한 여부입니다. 천만다행으로 무너진 건물 어딘가에 살아남았더라도 계속 그곳에 갇혀 있다 보면 결국에는 탈진해서 죽어버리기 때문에, 이들을 구조하는 것은 시간과의 싸움이라 할 수 있습니다.

1995년, 우리나라에서도 어처구니없는 대형 붕괴 사고가 일어났습니다. 바로 삼풍 백화점 붕괴 사고였죠. 그 당시 어이없는 백화점 붕괴만큼이나 많은 사람들의 입에 오르내렸던 것이 매몰된 지 17일만에 극적으로 구조된 박승현(당시 19세) 양이었습니다. 무려 377시간 동안이나 죽음 같은 암흑 속에서 물도 음식도 없이 버텨낸 그녀

건물 붕괴 3개월 만에 구출된 곰과 인터뷰하다

의 초인적인 생명력은 인간에 대한 경외감마저 느끼게 했습니다.

사람이 극한 상황에 직면하면 평소에는 전혀 상상할 수 없는 힘을 발휘한다고 하죠. 그래도 물 한 모금 못 마시고 17일 동안이나 살아 있었다는 것은 선뜻 믿기지 않는 일입니다. 그럼 어떻게 그녀는 그 기간을 견딜 수 있었을까요? 그것은 바로 생명체가 가지고 있는 생체 시계(Biological clock)와 밀접한 관련이 있습니다.

'배꼽시계'라는 말, 들어보셨죠? 굳이 시계의 도움이 없이도 일정한 시간이 되면 배가 고파지는 것을 알고 있는 사람들이 우스꽝스럽게 붙여준 말입니다. 생명체의 특성 중에는 일정한 사이클을 유지하면서 반복되는 것이 많습니다. 일정한 때가 되면 졸음이 오고, 주기적으로 배란과 월경이 일어나며, 짝짓기를 하여 자손을 번식시키죠. 철새들은 특정 시기가 되면 따뜻한 곳을 찾아 날아가며, 벌들은 일정한 시간에만 꿀을 따모으러 나갑니다. 꽃들은 철을 알아서 피고

지며, 동물들은 길고 긴 겨울잠을 위해 몸에 지방을 저장합니다. 이런 현상들은 외부의 영향을 받긴 하나, 대개 일정한 패턴으로 반복되므로 이를 '생체리듬(circardian rhythm)'이라고 합니다. 사람을 빛도 소리도 없는 곳에 고립시켜도 이 생체 시계는 계속 돌아갑니다.

현대 사회에서 이 생체 시계가 문제가 되는 것이 바로 시차의 경우입니다. 처음에 외국에 나간 사람들은 시차 때문에 고생을 합니다만, 신기하게도 며칠 지내다 보면 곧 익숙해집니다. 그러다가 돌아오면 다시 이곳의 시간차 때문에 며칠 고생하다 적응이 됩니다. 즉, 생체 시계는 일정 패턴은 있지만 주변 환경의 영향을 많이 받는다는 것이죠. 이것은 이상한 일이 아닙니다. 원래 진화상에서 생체 시계의 개념이 필요했던 이유가 바로 해와 달이 뜨고 지고, 사계절이 순서대로 찾아오는 자연의 주기에 맞추어 살기 위해서였을 테니까요. 자연의 주기가 변화한다면 생체 시계 역시 영향을 받아 조절되어야 생존하는 데 유리하겠죠?

그렇다면 이런 생체 시계를 직접 조절하는 부분은 어디에 있을까요? 사람들은 생체 시계가 빛에 대해 민감한 반응을 보인다는 것을 알아냈습니다. 특히 식물의 경우에는 절대적으로 빛이 중요하죠. 대개 꽃의 개화 시기는 낮의 길이에 영향을 받습니다. 따라서 여름철의 꽃을 겨울에 피우기 위해서는 온도도 높여주어야 하지만, 인공적으로 빛을 밝혀 낮의 길이를 연장시켜주는 것도 중요합니다. 사람에게도 숙면을 도와주는 멜라토닌은 빛에 민감하여 깜깜한 새벽 2시경에 가장 많이 분비되는데, 충분히 분비되지 않으면 숙면을 취할 수 없게 되고, 일찍 잠에서 깨어납니다. 겨울이 되면 일조시간이 짧아져 세로토닌 분비가 줄어들 뿐 아니라, 멜라토닌의 분비가 늘어서

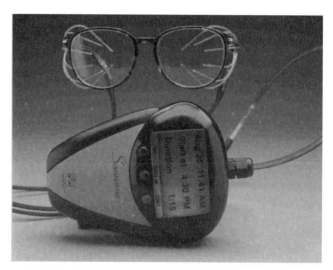

삼내비라는 일광안경은 착용하면 강렬한 빛이 나와 생체시계를 0에 맞춰준다.

우울증이 더 심해질 수 있는데, 이는 새벽녘에 더 강하게 나타납니다. 그래서 멜라토닌의 양이 많이 늘어나는 새벽은 환자들이 가장 많이 사망하는 시간이기도 합니다.

어쨌든 생체 시계에서 빛이 중요하다는 것을 눈치챈 과학자들이 다음에 생각한 것은 어디일까요? 바로 눈(eye)입니다. 인간의 몸에서 빛을 받아들이고 인식하는 신경이 가장 많이 모여 있는 곳이죠. 그래서 이런저런 연구를 거듭한 결과, 양쪽 눈에서 뇌로 들어가는 신경이 교차되는 지점에 생체 시계를 관장하는 부위가 있다는 것을 알게 되었죠. 이 부분을 SCN(Super Chiasmatic Nuclei)이라고 부르는데, 여기에는 1만 5천에서 2만 개 정도의 신경세포가 시각 정보를 전달하여 생체 시계를 조절하는 기능을 합니다.

이 원리는 실제로도 적용되고 있습니다. 바로 미국 ETA사가 개발한 삼내비(somnavue)라는 일광안경이 그것인데, 착용하면 강력한 빛이 나와서 생체시계를 0(아침에 일어나는 순간)으로 다시 맞추게 됩니다. 그래서, 삼내비는 총알이 빗발치는 전쟁터에서 병사들이 졸지 않고 야간 작전을 수행할 수 있게 해줍니다.

앞의 삼풍백화점 붕괴 당시 생존자들은 빛이 들지 않는 어둠 속에 갇혔습니다. 만약에 빛이 비추는 곳에 갇혔더라면, 날이 새고 지는 24시간의 패턴에 맞춰 생체 시계가 작동해서 열흘이 넘는 기간 동안 살아 있는 것은 불가능했을 겁니다. 대개 사람이 물 없이 살 수 있는 기간은 1주일 정도라고 알려져 있으니까요. 그러나, 매몰자들은 죽음과 암흑의 공포에 맞서야 하긴 했지만, 빛이 차단된 덕에 그들의 생체 시계는 평소(24시간)보다 느리게(실제 사람의 생체 시계는 24시간이 좀 넘습니다. 하지만, 하루가 24시간이기 때문에 평소에는 주변의 영향을 받아 24시간 패턴으로 돌아가는 것이죠) 돌아가서 더 오랜 기간을 생존할 수 있었던 것입니다. 또한 어둠은 멜라토닌의 분비량을 늘려 잠을 유도했고, 수면은 인체가 가장 에너지를 적게 쓰고 생존하는 시간이기에 작은 기적이 일어난 것이지요.

 관련 사이트

멜라토닌 http://www.melatonine.nl/melatonine/

　　　　　 http://www.qensan.com/Kqensan/melatonin.htm

9.11 Memorial http://www.buzzmachine.com/memorial/

생체 시계 http://www.bio.warwick.ac.uk/millar/circad.html

　　　　　 http://www.ultranet.com/~jkimball/BiologyPages/C/Circadian.html

물에 비친 자신의 모습을 사랑하는 나르키소스로 인해 실연한 에코의 우울증은
점점 더 심해져 그녀의 몸은 여위었고, 그녀는 결국 메아리가 되었다.

헤라는 남편인 제우스기 바람을 피우는 것 같아 이를 확인하기 위해 하계로 내려왔어. 제우스의 행방을 묻는 헤라에게 님프 에코는 수다를 잔뜩 늘어놓으며 제우스가 도망갈 시간을 벌어주었지. 에코의 수다에 정신을 놓고 있던 여신은 한참 뒤에야 속은 것을 알고 분노했어.

'나를 속인 그 혓바닥, 그냥 둘 줄 아느냐? 앞으로 너는, 한마디씩밖에는 말을 할 수가 없을 것이다. 그것도 남의 말을 되받을 수 있을 뿐이야.'

서슬퍼런 헤라의 저주로 이때부터 에코는 누가 한 말의 마지막 한마디만을 말할 수 있게 되었지. 어느 날, 아름다운 미소년 나르키소스가 숲에 들어왔어. 첫눈에 반한 에코는 몇 번이나 그에게 말을 걸고, 그에게 접근하여 사랑을 고백하고 싶었지만, 그럴 수가 없었지. 에코는 먼저 말을 걸 수가 없었으니까.

하루종일 그를 따라다니던 에코는 순간의 격정을 참지 못해 나르키소스를 끌어안았지만, 돌아온 것은 차가운 냉대뿐이었어. 나르키소스는 자기 자신만을 사랑하는 콧대 높은 미남자였거든. 에코는 나르키소스로부터 당한 모욕에 가슴 아파하며 나뭇잎으로 얼굴을 가리고는 이때부터 빛이 비칠 동안은 동굴에서 나오지 않았어. 에코의 가슴에 내린 나르키소스에 대한 사랑의 뿌리는 깊어서, 그 거절에 상처받은 마음은 깊은 우물 속에 빠져 계속 여위어갔어. 나날이 수척해지면서 결국 에코의 아름답던 몸은 그만 돌로 변했어. 그렇지만 나르키소스를 잊지 못하는 목소리만은 그대로 남아서 아직도 숲속에서는 에코를 소리쳐 부르면 그녀의 간절한 목소리가 들려온대.

23

흔히 가을은 남자의 계절이라고 하지요. 겨울바람처럼 살을 에이지는 않지만 왠지 가슴속을 깊숙이 파고드는 가을바람이 불면, 가슴 한구석이 왠지 텅 빈 듯 허전해지고 인생이 괜시리 허무해지면서 어디론가 훌쩍 떠나고 싶은 마음이 들죠. 낙엽이 구르는 걸 보면서 내 인생도 한 줄기 담배연기처럼 무심히 흩어지는 것이 아닌가 하는 상념에 잠기기도 하구요.

이렇듯 가을이 되면 일조량의 저하와 기온의 감소로 신진대사율이 변화하면서 사람들은 감정의 기복을 겪게 됩니다. 이럴 때 조심해야 할 것이 바로 우울증이지요.

우울증은 15%의 사람들이 평생에 한번쯤은 걸리는 것으로 알려진 어떻게 보면 흔한 질병입니다. 성별로는 남성보다는 여성에게서 2배 정도의 높은 비율로 우울증이 발생하는데, 여성은 임신과 출산 등 급격한 호르몬 변화와 신체적, 정신적 변화를 가져오는 일을 겪는데다가 사회 생활에서 받는 스트레스의 차이 때문인 것으로 알려져 있습니다.

우울증은 여러모로 많은 오해를 받아온 병 중 하나입니다.

첫 번째 오해는 우울증은 정신력의 문제로 가만히 있으면 저절로 낫는 병이라는 것입니다. 물론 우울증은 어떠한 계기, 예를 들어 실연, 인간관계의 실패, 중요한 것(직장, 가정, 돈, 신체 등)의 상실, 환경 변화(이사, 이직, 폐경기, 정년 퇴직 등)로 인한 스트레스를 처리하는 과정에서 일어나는 것이 대부분이지만, 뚜렷한 원인 없이 일어나기도 하거든요. 또한 일단 우울해지면 매사가 귀찮아지고 부정적이 되며, 이러한 생각이 다시 우울증을 심하게 하는 악순환에 빠집니다.

사람들은 흔히 몸과 정신을 분리해서 생각하는 데 익숙합니다. 몸은 몸이고 마음은 마음이라는 이원론적인 생각은 종교의 영향이 큽니다. 종교에서는 육체는 필멸(必滅)하는 존재인 반면, 영혼은 불멸(不滅)하는 존재로 보기 때문이죠. 그러나, '건강한 몸에 건강한 정신'은 진리입니다. 정신 활동이란 뇌의 프로세싱의 산물로 결국 뇌 역시 우리 몸의 일부이므로 몸과 정신을 따로 떼어놓고 생각하기는 힘듭니다.

현재 우울증은 뇌에서 분비되는 신경전달물질의 일종인 세로토닌의 저하가 가장 직접적인 원인이라고 알려져 있습니다. 우리의 감정은 뇌에서 나오는 다양한 호르몬에 의해 좌우됩니다. 예를 들어, 도파민은 흥분을, 엔케팔린류는 행복과 극치감을 느끼게 해주고, 아드레날린은 긴장과 날카로운 느낌을 가져옵니다. 세로토닌도 비슷한 작용을 하며 뇌에서 그 분비가 적어지면, 사람들은 우울한 기분을 느끼게 되죠. 앞에서 언급한 여러 종류의 스트레스들은 세로토닌의 분비를 억제합니다. 뿐만 아니라, 세로토닌의 분비 이상은 세로토닌 신경 전달 체계 중 5-HT1b 자가수용체(5-HT1b autoreceptor)라는 세포 단백질이 너무 많이 생겨서 나타나는 것으로 알려져 있습니다. 어려우신가요? 이름이 중요한 건 아니랍니다. 아무튼 이 5-HT1b 자가수용체가 많이 생기면 세로토닌의 분비량이 적어지는데, 우울증 환자를 검사해보면 이 물질이 과도한 활성을 띠고 있다고 합니다.

이렇듯, 우울증은 스트레스가 원인이긴 하나 그 결과 몸에서 확실한 화학적 변화가 일어나서 우울한 기분을 느끼게 되는 것입니다. 현재 나와 있는 우울증 치료제인 프로작(Prozac)[H]이나 팍실(Paxil) 등은 세로토닌 분비량을 늘려줌으로써 사람들을 우울한 기분에서 벗어나게 해줍니다. 실제 이런 우울증 치료제들의 효과는 아주 좋아서, 80% 이상의 환자들이 효과를 보고 있다고 하더군요.

> 프로작은 요즘 각광받고 있는 '해피 메이커(Happy Maker)'의 대표 주자입니다. 21세기의 제약산업은 사람 목숨에 직접 관계되는 항생제나 치료제 외에 삶의 질을 높일 수 있는 약을 개발하는 데 주력하고 있습니다. 즉, 우울증 치료제인 프로작을 비롯하여, 대머리 치료제인 프로페시아(propecia), 발기부전 치료제인 비아그라 등의 약물을 '해피 메이커'라고 합니다. 사람들이 그만큼 먹고 살 만해졌다는 이야기지요.

두 번째 오해는 우울증은 위험하지 않은 질병이라는 것입니다. 실제로 항우울제의 효과도 좋고, 치료도 잘 되는 편이지만, 꾸준한 약물치료가 필요하며, 재발 가능성이 많은 편입니다. 또한, 우울증에서 가장 위험한 것이 자살 시도인데 절반 이상의 환자가 자살을 시도하고, 15%는 실제로 사망하는 것으로 알려져 있습니다. 우울증에서의 자살은 자신, 또는 자신을 이렇게 우울하게 만든 세상을 응

빨리 봄이 와야 할텐데....

6개월째 우울증에 빠진 곰－북극의 밤은 6개월

징하는 의미도 있고, '내가 이렇게 힘드니까 나를 좀 봐달라'는 의미도 내포하고 있기 때문에, 환자만 잘 살펴보면 자살할 생각이 있는지 없는지를 알 수 있다고 해요. 환자들은 대개 자살을 시도하기 전에 자신을 구원해달라는 신호를 보내기 때문이죠.

가을이 되면 많은 사람들이 팬시리 감상적으로 변하고 우수에 젖습니다. 구르는 낙엽만 봐도 서글프고 파랗고 맑은 하늘조차 왜 그리 안타까운지……. 사람들은 괜히 우울해지고 감상에 젖으며 가벼운 우울증에 걸리게 되죠. 이는 낙엽 때문도 아니고 하늘 때문도 아닌, 바로 일조량의 변화 때문입니다. 세로토닌의 분비량은 일조량의 영향을 받기 때문에 여름에 비해 일조량이 줄어드는 겨울에는 누구나 가벼운 우울증을 느끼게 되죠. 그래서 북구의 추운 지방에는 우울증 환자가 많으며, 일년 내내 태양이 빛나는 플로리다 지방에서는 그 비율이 현저하게 떨어지게 되죠.

만약 아무런 이유 없이 기분이 울적하다면, 따뜻한 야외로 나들

우울증 자가 진단법

1. 사소한 일에 신경이 쓰이고 걱정거리가 많다	
2. 쉽게 피곤해진다	
3. 의욕이 떨어지고 만사가 귀찮다	● 3~5개 : 가벼운 우울증
4. 즐거운 일이 없고 세상사가 재미없다	● 6개 이상 : 심한 우울증
5. 매사에 비관적이고 인생이 절망스럽다	● 전문의 상담이 필요한 경우
6. 내 처지가 초라하고 죄의식에 사로잡힌다	1) 이러한 증상이 2주 이상
7. 잠을 설치고 수면 중 자주 깬다	지속될 경우
8. 입맛이 떨어지고 한달 새 체중이 5% 이상 줄었다	2) 자살하고 싶은 충동이
9. 답답하고 불안하며 쉽게 짜증이 난다	있거나 절망적이라고
10. 집중력이 떨어지고 건망증이 늘어난다	느껴질 경우
11. 죽고 싶은 생각이 자주 든다	
12. 두통, 소화기 장애, 만성 통증 등 신경성 질환이 지속된다	

이를 나가보세요. 우울한 기분을 날려줄 수 있는 소중한 사람과 같이 나간다면 금상첨화고, 그렇지 않더라도 따사로운 햇살을 흠뻑 받으면 우울한 기분이 조금은 나아질테니까요.

 관련사이트

우울증 http://mentalhealth.kihasa.re.kr/disease/index.html

       http://www.depression-clinic.com

프로작 http://www.lillykorea.co.kr/product/product/medicines_prozac.htm

       http://www.kordic.re.kr/~trend/Content493/pharmacy07.html

 참고도서

『**브레인 밸리**』 세나 히데아키 지음(바다출판사)

그리스의 맹인 현자, 테이레시아스

양성의 쾌락을 경험한 테이레시아스

어느 날 제우스는 넥타르를 마시며 헤라와 노닥거리고 있었어.

"사랑으로 이득을 보는 것은 남자가 아니라 여자일게요. 여자 쪽에서 보는 재미가 나을테니까."

제우스의 희롱에, 헤라는 그렇지 않다고 말했대. 이들은 서로 실랑이를 벌이다 결국 남자와 여자, 즉 양성으로 사랑을 경험했다는 현자 테이레시아스에게 물어보기로 했지. 이 테이레시아스는 굵은 뱀 두 마리를 지팡이로 때려서 7년간 여자가 되었다가, 다시 뱀으로 인해서 남자가 된 특이한 이력을 가지고 있었지.

테이레시아스는 다분히 장난기가 있는 두 신의 논쟁을 평론할 입장에 몰리자 남신을 편들어 제우스 쪽이 옳다고 말했대. 실수한 거지 뭐. 별것 아닌 이 말 한 마디에 헤라는 불같이 화를 내고 테이레시아스를 장님으로 만들어버렸거든. 불쌍한 테이레시아스. 이로 인해 참으로 염치가 없어진 것은 제우스였지. 그러나 신들의 세계에서는 한 신이 매긴 죗값을 다른 신이 없애줄 수는 없었대. 그래서 제우스는, 보는 능력을 빼앗긴 테이레시아스에게 대신 미래를 예견할 수 있는 마음의 눈을 주었어. 이후 테이레시아스는 그리스의 유명한 현자이자 예언자가 되었지.

몇 년 전 컵라면 용기에서 환경 호르몬이 녹아나왔다는 기사가 소개되면서 환경 호르몬이라는 단어가 순식간에 유명해졌습니다.

환경 호르몬은 우리 주변 '환경'에 존재하는 물질이 생체 내로 들어와서 기존의 '호르몬'처럼 작용하기 때문에 붙여진 말로써, 학술 용어로는 '내분비계 교란물질(endocrine disrupters)'이라고 합니다. 이런 물질의 특징은 생태계 내에서 자연적으로는 거의 분해가 되지 않으면서, 생체 내로 유입되면 극히 적은 양으로도 기존 호르몬의 작용을 비슷하게 모방하거나 호르몬이 아예 작용하지 못하게 하는 역할을 하는 화학물질들을 통칭해서 부르는 말입니다. 현재 (2000년)까지 알려진 환경 호르몬은 67종이지만, 앞으로 얼마나 늘어날지는 아무도 모릅니다.

그런데 환경 호르몬이 왜 문제가 될까요? 그것은 이 호르몬이 생체 내에서 성장과 발육에 영향을 미칠 뿐 아니라, 각종 암의 원인이

대표적인 환경 호르몬 물질과 그것이 원래 쓰이는 용도	
폴리염파비페닐(PCB)	전기 절연체
다이옥신	고엽제, 쓰레기 소각장, 염화물, 담배 연기
아트라진, 아미놀	살충제
노닐페놀	세제(계면활성제)
비스페놀 A	음료수캔과 플라스틱의 내부 코팅제
스티렌	일회용 용기

되기 때문입니다. 그중에서도 가장 문제가 되는 부분은 생식 능력에 미치는 영향입니다.

1. 1970년대 초 생물학자들은 바다갈매기 암컷들이 묘하게도 한 둥지에 모여 사는 것을 발견하고는 그들을 '동성연애 갈매기' 라고 지칭했다. 번식을 통한 유전자의 존속이 삶의 목표인 동물 에게서 동성연애라니? 그러나 그것은 인간이 지은 죄의 대가였 다. 60년대 살충제로 큰 인기를 끌었던 DDT 때문에 수컷 바다 갈매기들이 화학적으로 거세당함으로써 교미에 전혀 관심을 보이지 않아 암컷들끼리만 짝을 이룰 수밖에 없었던 것이었다.

2. 미국 남부 플로리다주의 앨리게이터(alligator, 악어의 일종) 농장의 농장주들은 울상을 지었다. 평균 70~80%인 악어알의 부화율이 5~20%로 뚝 떨어졌기 때문이다. 게다가 태어난 새 끼들도 절반 정도가 2주 내에 죽어버렸다. 플로리다 대학의 내 분비학자 루이스 굴릿은 원인을 추정하는 데 착수했다. 이 지

환경 호르몬 물질들은 동물의 생식 기능에 영향을 미친다. 이것은 동물들의 발생 과정의 미묘한 조절 기능이 아주 작은 영향에도 민감하게 반응하기 때문이다.

역의 악어들은 암컷은 정상치보다 두 배나 높은 에스트로겐(여성 호르몬) 함량을 나타냈고, 수컷은 테스토스테론(남성 호르몬)을 전혀 지니지 않음을 발견했다. 악어들이 사는 아포프카 호수 주변의 타워케미컬사 공장에서 흘러나온 디코플이라는 물질이 악어들을 여성화시켰던 것이다.

3. 1980년대 초 영국과 프랑스에서 참굴 암컷에 수컷 생식기인 페니스가 달린 기현상이 보고되었다. 원인을 일으킨 주범은 TBT임이 밝혀졌다. TBT는 선박 밑부분에 생물이 달라붙지 못하도록 페인트에 섞어 사용되는 부착방지제의 원료로, 이것이 바다에 흘러들어서 이런 일이 벌어진 것이다.

이상하게도 이런 환경 호르몬 물질들은 동물의 생식 기능에 영향을 미칩니다. 이것은 동물들의 발생 과정의 미묘한 조절 기능이 아

주 작은 영향에도 민감하게 반응하기 때문입니다.

대개의 동물의 암컷과 수컷은 유전자의 대부분이 같으며(상염색체), 단지 성염색체에서 XX와 XY의 차이가 있을 뿐입니다. 처음에 난자와 정자가 수정에 성공해서 발생을 시작할 때에는 성적인 분화가 일어나지 않습니다. 이 상태에서 그대로 발생이 진행된다면 개체는 암컷이 되고, 이때 수컷이 가지고 있는 Y염색체에서 어떤 신호가 발생되어 '남성으로 발생하는 스위치'가 켜지면, 개체는 남성 호르몬으로 목욕을 하게 되고 결국에는 수컷이 됩니다. 염색체상으로는 XX임이 분명한 여성이라도 이 시기에 남성 호르몬에 지나치게 노출되면, 생식기가 수컷으로 분화되는 황당무계한 일이 벌어지고, 아무리 수컷일지라도 이 시기에 남성 호르몬이 모자라면 암컷으로 발생되어버릴 만큼 이 시기는 성분화에 있어서 매우 중요한 시기입니다 (인간의 경우는 임신 3~4개월 사이에 이런 일이 일어난답니다).

환경 호르몬이 작용하는 것은 바로 이 순간, Y염색체의 '남성 스위치'가 켜질 때입니다. 이 스위치에는 대단히 민감한 고감도의 센서가 있어서, 1피코그램(pg)의 물질만 작용해도 켜질(Turn-on) 정도랍니다. 피코그램이 어느 정도인지 감이 잘 안 오죠? 피코(pico)는 10^{-12}를 뜻하는 단위로, 1조분의 1을 말합니다. 예를 들면 50m길이의 수영장($50 \times 20 \times 1m = 1,000$톤)에 물을 가득 채우고 거기에 우유한 방울(1mg)을 떨어뜨렸을 때가 바로 1pg입니다. 얼마나 적은 양인지 짐작이 가죠?

환경 호르몬은 바로 이 순간에 작용하여, 성분화를 엉망으로 만들어놓기 때문에 이들 개체에서는 성기의 이상을 나타낼 뿐 아니라, 성욕을 거세당해서 뜨거운 피가 흘러야 할 젊은 수컷들이 예쁜 암컷들의 구애에는 관심도 없이 빈둥거리는 기가 막힌 현상이 발생합니다. 그 뒤에 불임과 약한 새끼의 탄생으로 인한 어린 개체의 사망률 증가가 뒤따르게 됩니다.

이밖에도 이들은 신경계와 면역계의 이상을 가져와 아토피와 각종 암을 증가시키는 원인이라는 의심을 받고 있지요. 특히, 다이옥신의 경우, 생체 농축[주] 현상이 극심해서 더욱 문제를 가중시킵니다. 또한 환경 호르몬은 일단 한 번 만들어지면 자연분해가 매우 더디기 때문에 처음부터 만들어내지 않는 방법 외에는 현재로는 뚜렷한 예

먹이사슬의 윗단계로 갈수록 특정 물질의 농축이 심해지는 현상. 예를 들어 다이옥신 10,000개의 분자가 물 속에 녹아 있고, 이 중 하나가 수중 플랑크톤의 세포 내로 들어간다고 합시다. 작은 물고기가 이 플랑크톤 10마리를 먹는다면, 체내에 10개의 다이옥신 분자가 쌓이게 되고, 이 작은 물고기를 10마리 먹은 큰 물고기는 100개의 다이옥신 분자가 체내에 쌓입니다. 그리고, 이 물고기를 먹은 인간의 몸 속에는 다이옥신이 그대로 농축되는 것입니다. 다이옥신은 지방에 축적되는 성질이 있어서, 일단 체내로 들어가면 배설되지 않고 그대로 쌓이는데, 결국 최종 소비자는 모유를 먹는 아기가 됩니다. 이때 체내에 들어온 해로운 물질들을 가장 효과적으로 제거할 수 있는 방법이 바로 수유를 하는 것이랍니다.

방법이 없는 실정입니다.

따라서, 세계 각국에서는 환경 호르몬 기능을 하는 물질을 사용하지 않도록 규제하고 있으며(현재, 전기 절연체로 쓰였던 'PCB'는 생산이 중단되었으며, 비스페놀 A로 인한 깡통의 내부 코팅도 현재는 잘 쓰이지 않습니다) 이들에 대한 연구를 통해 특성을 밝혀내고 부작용을 예방하는 데 노력을 기울이고 있습니다.

호르몬은 생체 내에서 반드시 필요한 물질이지만, 그 미묘한 균형이 깨지면 파장은 엄청납니다. 애초에 환경 호르몬을 세상에 내놓은 것이 인간이지만, 그 결과는 바다갈매기부터 시작하여 모든 생명체의 생존에 위협을 가하는 위험한 존재가 되고 말았으며, 인간 역시 그 영향에서부터 자유로울 수 없습니다. 현재 인간 남성의 정액에 들어 있는 정자수는 1백 년 전의 절반으로 감소되었다는 보고가 있으며, 이에 대해 환경 호르몬은 그 혐의를 쉽게 벗어날 수 없어 보입니다. 천식과 알레르기의 증가 및 유방암, 전립선암 등의 생식기 관련 암의 증가에 있어서 환경호르몬이 어느 정도 관여하고 있음은 부인할 수 없는 사실입니다. 호르몬은 양날의 칼과 같은 존재지요. 이들이 생체 내의 흐름을 원활히 하여 키를 자라게 하고, 노화를 방지하며, 기분을 좋아지게 하고 우울증에서 해방시켜주기도 하지만, 통제되지 않는 무분별한 호르몬의 유입은 치명적인 결과를 가져와 결국 멸종의 위협이 될 수도 있다는 사실을 잊어서는 안 됩니다.

과유불급(過猶不及), 넘치면 모자라는 것만 못한 법이지요.

 관련 사이트

환경 호르몬 http://www.ehormon.wo.to
http://aginfo.snu.ac.kr/agfood/endocrine.htm
생체 농축 http://www.ecoi.or.kr/data/dioxin/990831s1.asp

 참고도서

『**도둑맞은 미래**』 테오 콜본 지음(사이언스북스)

5장 질병과 면역계

창조는 투쟁에 의해 생긴다. 투쟁 없는 곳에 인생은 없다.

-비스마르크

오래전, 지구상에 존재하는 생물들은 눈에 보이지도 않을 정도로 작은 미생물들이었습니다. 지구가 나이를 먹고 진화를 거듭하면서 그보다 진화된 커다란 생명체들이 나타나자 이 작은 친구들은 자신들이 편하게 눌러살 집으로 커다란 생명체들을 이용하기 시작했죠. 그러나, 이들도 결코 호락호락하게 자신의 몸을 그들의 먹잇감으로 내놓을 순 없었겠죠. 그래서 일어난 미생물과 다세포 생물의 면역계의 싸움. 그 피할 수 없는 오랜 경쟁 속에서 우리의 면역계는 더욱더 정교하고 효과적으로 발전해왔죠. 외부에서의 끊임없는 자극은 때로는 자신의 발전을 위해서 좋은 약이 되어주지요.

포세이돈의 저주로 황소와 정을 통하는 크레타의 왕비 파시파에

크레타 섬의 왕위 계승을 위한 싸움에서, 미노스는 포세이돈에게 왕이 되게 해달라고 기원했지. 이에 포세이돈이 바다의 훌륭한 황소를 주어서 결국 미노스는 왕위에 오를 수 있었어. 그는 왕위에 오른 후 이 황소를 포세이돈에게 다시 제물로 바치기로 약속했는데, 그만 욕심이 나고 말았어. 황소가 너무 훌륭해서 제물로 내놓기 싫었던 거지. 그래서 이 소는 숨겨두고 다른 소를 제물로 바쳤는데, 포세이돈이 모를 리 있겠어?

화가 난 포세이돈은 그 벌로 헬리오스의 딸이자 미노스의 아내였던 파시파에가 이 황소를 사랑하게 만들었어. 황소를 사랑하게 된 파시파에는 인간의 몸으로 황소와 사랑할 수 없는 것이 안타까워 유명한 아테네의 기술자인 다이달로스에게 속이 비어 있는 암소를 만들도록 부탁한 뒤, 그 안에 들어가서 황소와 정을 통했어. 그 결과가 어떻게 되었냐고?

세상에나 끔찍해라. 그녀는 황소의 아들을 낳고 만 거야. 인간과 황소의 아들인 이 괴물은 몸은 사람의 모습이었지만 소의 머리를 하고 있었는데, 미노타우로스(미노스의 황소)란 이름으로 불렸지. 이 끔찍한 괴물을 보고 경악한 미노스는 다이달로스에게 명하여 왕궁의 지하에 한 번 들어가면 영원히 빠져나올 수 없는 미궁인 라비린토스를 만들게 하고, 여기에 미노타우로스를 가두어버렸어. 사나운 미노타우로스는 미궁에 갇혀 매년 희생물로 바쳐지는 일곱 명의 소년과 일곱 명의 소녀를 잡아먹으며, 테세우스의 손에 죽을 때까지 그렇게 미로 속을 헤매고 다녔대.

옛날 사람들은 인간과 다른 동물이 결합하면 양쪽의 특징이 절반씩 섞인 괴물이 태어나리라 믿었던 모양입니다. 이런 믿음은 현대에 들어와서 모두 사라졌다고 생각했는데, 그게 아닌가 봅니다. 지난 2000년, '광우병 파동'으로 쇠고기 매출이 뚝 떨어졌을 때가 있었죠. 그렇다면 정말 광우병에 걸린 쇠고기를 먹으면 인간도 감염될까요?

대답은 불행히도 '그렇다'입니다. 단, 살코기 자체를 먹는 것은 괜찮지만, 고기에 도살된 소의 뇌조직이나 골수가 묻어 있으면 위험합니다. 대개 인간과 동물이 같은 병에 걸리지 않는 경우가 많지만, 개중에는 인수(人獸) 공통질병이라고 하여 동물과 사람이 모두 걸리는 병이 있습니다. 가장 유명한 것이 광견병이지요. 그나마 광견병은 백신이 나와 있지만, 광우병은 아직 전혀 손을 쓸 수 없는 불치병이라 에이즈가 처음 등장했을 때처럼 전세계를 공포에 몰아넣고 있습니다. 광우병은 극히 최근에 와서야 알려지기 시작한 병입니다.

광우병의 위협을 안고 살아가는 소들

광우병에 걸려 죽은 소나 사람의 뇌를 보면, 뇌조직이 스펀지처럼
구멍이 뻥뻥 나 있는 것을 볼 수 있는데, 이로 인한 뇌조직의 손실로
치매, 운동능력 상실, 통증 등을 느끼다가 결국에는 죽게 됩니다.

광우병이 유명해지기 전에도 인간에겐 크로이펠츠-야콥슨(CJD)
병, 쿠루병 등 광우병과 비슷한 양상을 보이는 병이 있었습니다. 특
히 쿠루병은 그 특이성으로 인해 많은 학자들의 연구 대상이 되었습
니다. 쿠루병은 전세계에서 유일하게 파푸아뉴기니의 포어족에게서
만 나타나는 희귀한 병이었거든요. 쿠루병에 걸리면 광우병에 걸렸
을 때와 비슷한 증상이 나타나며, 일단 증상이 시작된 후 2년 내에
사망하는 치명적인 질환이었지요. 처음에 이곳에 간 사람들은 이것
이 이 부족에게만 나타나는 일종의 유전병이라고 생각했습니다.

하지만, 이상한 것은 이 병이 주로 어린아이나 여성들만 걸리고, 성인 남성들은 거의 걸리지 않는다는 사실이었습니다. 이런 종류로 유전되는 질환은 보고된 바가 없기 때문에 그들은 골머리를 앓았죠. 결국 학자들이 밝혀낸 것은 쿠루병은 유전병이 아니라 전염병이라는 것이었습니다. 그것도 음식물을 통해 전염되는 병이라는 것.

포어족은 식인(食人) 습성이 있었습니다. 이방인을 잡아먹는 것이 아니라, 가족이 죽으면 그 영혼과 함께 있고 싶다는 열망으로 그 시체를 먹었던 것이지요. 이 시체를 나누는 과정은 관습으로 정해져 있는데, 그 중 뇌와 눈은 부드럽고 맛있는(헉!) 부위로 여성들과 아이들의 몫이었죠. 학자들은 그들이 먹은 뇌에 있던 오염 물질에서 이런 질병이 생겨났다는 것을 알아냈던 겁니다. 즉, 무언가로 오염된 뇌를 먹고 병에 걸려서 죽으면 그 병에 걸린 사람의 뇌를 다시 다른 사람이 먹어서 병에 걸리는 악순환이 반복되었던 것입니다(현재는 포어족의 관습이 개선되어 쿠루병은 없어졌습니다).

초기의 학자들은 이것이 일종의 바이러스라고 생각했지만, 1982년, 스탠리 프루지너는 그 원인이 바이러스가 아닌 전혀 다른 물질이라는 것을 밝혀냈고, 이 신물질은 이후로 프리온(prion)으로 불렸습니다. 프리온은 일종의 단백질인데, 보통의 단백질과는 달리 스스로 증식이 가능한 것이 특징입니다. 이것은 RNA 바이러스의 역전사(reverse translation)가 발견되어 흔들린 센트럴 도그마(Central Dogma)에 결정타를 가한 대단한 발견이었습니다.

그러나 천재는 늘 외로운 법. 초기에 단백질이 스스로 증식할 수

> 생물체의 기본 유전 전달 및 생존의 방식으로, 생물체의 유전정보는 DNA에 존재하며, DNA→ RNA→ protein(단백질) 순서로만 정보를 전달할 수 있다는 원칙입니다. 그러나 레트로 바이러스를 비롯한 몇 종류의 바이러스는 역전사(reverse transcription), 즉 RNA에서 DNA를 만드는 것이 가능하다는 것이 밝혀진 이후, 이 센트럴 도그마에 맞지 않게 번식할 수도 있다는 것이 밝혀졌죠. 현재는 역전사와 프리온 외에도 세 가지의 예외가 더 밝혀져 있습니다.

있다는 내용의 그의 논문은 세상 사람들에겐 미친 사람의 헛소리처럼 받아들여졌습니다. 하지만, 낭중지추(囊中之錐)라, 세상에 천재가 알려지는 것을 막을 수는 없는 일이죠. 곧이어 크로이펠츠-야콥슨 병의 원인이 프리온이며, 이것이 1980년대 영국을 강타하며 전 유럽을 공포로 몰아넣은 광우병의 원인일 것이라는 예상이 확실시되면서 그의 명성은 높아졌죠. 결국 그는 이 공로로 1997년 노벨상을 받았습니다.

프리온은 보통의 단백질과는 다르게 핵산(DNA 또는 RNA)을 가지고 있지 않으면서도 생체에 감염될 수 있고, 자기 증식을 할 수 있는 이상한 성질의 단백질입니다. 프리온의 체내 감염경로를 이야기하자면, 먼저 광우병을 좀 짚고 넘어가야겠습니다. 이 병의 정식 명칭은 '소의 해면양 뇌병증(BSE, Bovine Spongiform Encephalopathy)'으로 해면, 즉 스펀지 모양으로 뇌에 구멍이 숭숭 뚫려 소가 잘 걷지 못하고 비틀거리다 결국에는 온몸의 근육이 굳어서 죽는 병입니다. 이런 종류의 비슷한 병을 스크래피(scrapie)라고 하는데, 최초의 스크래피는 이미 2백 년 전 양에게서 나타났습니다.

그러나 같은 양들 중에서도 전염 속도가 굉장히 느린데다가 병에

헝가리 광우곡(?)

걸려 죽은 양의 고기를 먹은 사람에게도 스크래피는 전염되지 않았기 때문에 그리 큰 문제가 되지는 않았죠. 그러나 1987년경, 영국에서 최초로 소에게서 스크래피와 비슷한 병이 나타나기 시작했고, 아무 곳이나 들이받는 이 '미친' 소들이 앓고 있는 병을 광우병이라 부르게 된 것이죠.

소가 차례로 죽어나가는 것도 문제지만 그보다 더 큰 문제는 이 광우병이 소에게서 생겨난 원인이었습니다. 즉 1980년대 초반부터 영국에서는 소에게 살을 찌우기 위해 양과 소 자신의 사체를 갈아서 사료에 먹이기 시작했는데, 광우병이 나타난 시기는 이런 변형 사료를 먹인 것과 거의 때를 같이 하기 때문입니다. 변형 사료와 미친 소

사이에 뭔가 연관 고리가 있다는 것을 눈치챈 영국 정부는 부랴부랴 소의 내장을 폐기하도록 지시했습니다. 문제가 여기서 해결되었다면 좋았으련만!

사태를 조사하던 학자들에게 무서운 예감이 서서히 엄습해왔습니다. 광우병이 크로이펠츠-야콥슨 병(CJD)과 관련이 있을지도 모른다는 생각이 그것이죠. CJD는 광우병 이전에도 있어왔지만, 광우병이 유행하기 시작한 이후 나타난 CJD 환자 중 20% 정도가 이전과는 다른 양상을 보이기 시작했던 겁니다. 이전의 CJD는 60대 이상의 환자가 대부분이었으나, 새로이 생긴 환자들의 평균 연령은 20대 후반이었습니다. 게다가 증상은 CJD와 비슷하면서 뇌파 소견이나 뇌의 부검 결과는 다르며, 이들 거의 대부분이 소를 기르는 농부인데다가 그들의 소떼 중에는 예외없이 광우병에 걸린 소가 있다는 사실이었습니다. 이렇게 원래의 CJD와 다른 새로운 증상을 vCJD(varient CJD)라고 부르는데, 우리가 현재 광우병과 연관지어 논란을 일으키는 것이 바로 이 vCJD랍니다. vCJD의 잠복기는 5~10년으로 매우 긴 편이며, 현재 학자들은 vCJD를 일으키는 물질이 프리온이라고 생각하고 있습니다.

프리온은 원래 정상적인 동물이나 사람의 뇌에 존재하는 단백질입니다. 이것을 약자로 PrP(Prion Protein)이라고 하죠. 이 PrP 자체는 병을 일으키지 않으며, 감염력도 없습니다. 문제는 PrP의 변형 형태인 PrP-sc(prion protein-scrapie)입니다. 아직까지 왜 PrP-sc가 생겨나는가는 명확히 알려진 바가 없습니다만, 이것은 병을 일으킬 수 있으며 다른 개체로의 감염도 가능하다고 알려져 있습니다.

도축되어 팔려나가길 기다리는 쇠고기. 이중에 변형프리온에 오염된 고기가 섞여 있다면, 문제는 심각해진다.

PrP-sc 하나가 일단 몸 속에 들어오면 원래 존재하던 정상적인 PrP와 결합하여 이것을 PrP-sc 형태로 바꾸어놓습니다. 이렇게 둘이 된 PrP-sc는 다시 다른 PrP와 결합하여 다시 변형시키고 계속 세를 넓혀나가서 넷, 여덟, 열여섯, 서른둘······. 이렇게 걷잡을 수 없이 번져가다 결국 광우병이나 vCJD의 원인이 된다고 추정하고 있습니다.

물론 아직까지 사람의 vCJD가 정말 소의 광우병에서 오는지 정확히 밝혀지지는 않았고, 게다가 어떻게 프리온이 몸 속에 들어와서 뇌까지 침투할 수 있는지에 대한 것도 잘 모릅니다. 현재로는 도살 시 광우병에 걸린 소의 뇌수가 취급 부주의로 고기에 섞여 있다가 인간의 몸으로 PrP-sc가 유입될 것이라고 생각하고 있습니다. 이 PrP-sc는 일단 사람의 비장에 모였다가 비장으로 뻗어나온 말초 신경을 타고 거꾸로 뇌로 유입되어 중추신경계의 정상적인 PrP와 도킹하여 이들을 PrP-sc로 변형시켜 vCJD를 일으키는 것으로 추정됩니다. 아직 확실하게 밝혀진 것은 아니지만, 그 무서운 가능성에 대해 반박할 근거 또한 없는 것이 현실이죠.

처음에 광우병은 단순히 소에게서만 나타나는, 이 병에 걸린 소를 키우는 축산업자만 불쾌한 일이라고 생각했죠. 하지만, 1989년 실험실에서 인공적으로 쥐에게 광우병에 걸린 소의 뇌세포를 주입시켜 이 병이 생물 종을 뛰어넘어 옮겨진다는 사실이 밝혀졌고, 심지어는 돼지, 염소, 고양이에게도 옮겨질 수 있다는 것이 밝혀졌습니다. 사람에게는 이러한 전염실험을 할 수 없기 때문에 아직까지 확실한 결론을 내릴 수 없지만, 소와 고양이가 같은 프리온에 감염될 수 있다면 소와 사람도 그럴 가능성이 있다는 강한 불안감을 막을 수는 없습니다.

프리온의 감염 경로는 마치 평범한 사람들이 약물에 중독되는 과정을 단백질 수준으로 축소시킨 양상을 보여줍니다. 평범하게 잘 살던 마을 사람들 중 하나가, 악마의 유혹에 빠져서 또는 호기심에 약물을 복용하게 됩니다. 처음에는 몇몇만 그렇게 하는 것이라 큰 문제가 안 되겠죠. 하지만, 그들이 주변 친구들을 꼬드겨 자신의 세계에 편입시키려 할 때 대부분 그런 종류의 타락은 한 번 맛들이기 시작하면 빠져나올 수 없는 것이라 그 세력은 점점 늘어만 갈 겁니다. 이제는 강제력을 동원해 주변 사람들을 중독시키고, 자포자기한 사람들은 결국은 자신의 존재 기반을 망가뜨리고, 전체를 파멸시켜버릴 겁니다. 너무도 비슷합니다. 정상적인 프리온이 변형프리온을 만나 변형되고 결국은 자신이 존재하던 개체 전체를 죽음에 이르게 하는 과정이. 그러나 이들의 세력은 마을이 몰살되었다고 해서, 숙주인 인간이 죽었다고 해서 끝나는 것이 아닙니다. 약물의 유혹은 은밀히 그러나 꾸준히 다른 마을로 전파될 것이며, 프리온도 다른 개체, 또는 다른 종으로 자리를 이동하여 질긴 생명력을 이어갈 것입니다.

 관련 사이트

광우병과 프리온 http://www.kordic.re.kr/~trend/Content430/biology15.html
　　　　　　　　　http://www-micro.msb.le.ac.uk/335/Prions.html
　　　　　　　　　http://www.mad-cow.org/
BSE http://www.fda.gov/oc/opacom/hottopics/bse.html
CJD http://www.who.int/inf-fs/en/fact180.html
쿠루병 http://www.as.ua.edu/ant/bindon/ant570/Papers/McGrath/McGrath.htm

자신을 죽이라는 명령이 든 편지를
이오바테스에게 전하는 벨레로폰

벨레로폰의 편지

벨레로폰은 실수로 코린토스의 참주인 벨레로스를 죽였어. 벨레로폰이라는 이름은 '벨레로스를 죽인 자'라는 의미로 얻은 것이었고, 그의 원래 이름은 힙노스였지.

어쨌든 이 때문에 벨레로폰은 코린토스에서 쫓겨나 아르고스에 가서 그곳 왕인 프로이토스에게 살인죄를 사면받았지. 그런데 아르고스의 왕비인 스테네보이아가 젊고 잘 생긴 벨레로폰에게 반해 그를 유혹하려 했어. 하지만 벨레로폰은 자신의 죄를 용서해준 고마운 왕을 배신할 수가 없어서 이를 거절했지. 자존심도 상하고 분하기도 한 스테네보이아는 벨레로폰이 자기를 범하려 했다고 프로이토스에게 오히려 거짓말을 해버렸어. 프로이토스는 분노가 치밀었지만, 자신을 찾아온 손님을 죽였다는 오명을 듣고 싶지 않아서, 벨레로폰에게 봉한 편지 한 통을 주어 리키아에 있는 장인 이오바테스에게 보냈어.

리키아에 도착한 벨레로폰은 스테네보이아의 아버지로부터 환대를 받았어. 그는 관습에 따라 9일 동안 벨레로폰을 잘 대접한 뒤 10일째 되는 날 사위가 보낸 편지를 뜯어보았는데, 거기에는 이 편지를 가져가는 자를 죽이라는 내용이 적혀 있었어. 결국 벨레로폰은 자신을 죽이라는 내용의 편지를 가지고 스스로 적진에 뛰어든 거였지. 그래서 이후부터 자신도 모르는 사이 자신에게 위험한 일을 하는 것을 '벨레로폰의 편지'라고 한다.

224

탄저균과 생화학 테러

한동안 미국뿐 아니라, 전세계가 탄저균에 대한 공포로 벌집을 쑤셔놓은 듯 시끄러웠죠. 저 멀리 미국에서 시작된 그 파장은 태평양 건너 우리 나라까지 영향을 미쳐 국내에서도 소포나 우편물을 열었을 때, 하얀 가루가 조금이라도 떨어지면 사람들은 공포에 떨며 난리법석을 피웠죠. 2001년 11월, 한국 화이자 사에 하얀 가루가 든 편지가 배달되어 직원을 비롯한 의료진 모두가 격리되었던 일도 있었구요. 이 사건은 결국 해프닝으로 끝났습니다만, 바다 건너 먼 나라에서 일어난 일이 우리에게 얼마나 큰 파장을 일으켰는지 새삼 생각하게 만들더군요.

2001년 10월 5일, 미국에서 첫 환자가 발생한 이후, 탄저균에 감염된 사람은 수십 명으로 늘어났다고 합니다. 그렇다면 이 탄저균은 도대체 무엇이고, 왜 사람들은 그렇게 법석을 떨며 이 사태를 받아들이는 걸까요?

탄저병의 종류와 증상

	폐 탄저병	피부 탄저병	장 탄저병
감염 경로	홀씨(균) 흡입	상처를 통해 균 침입	오염된 고기나 음료 섭취
증상	초기는 감기와 비슷. 쇼크 패혈증, 호흡 곤란	상처 부위가 붓고, 고열, 쇼크, 패혈증	구토, 설사, 복통, 쇼크, 패혈증
추정 사망률	95%	20~25%	25~60%

'탄저(Antrax)'는 소나 양 등 초식동물에서 주로 생기는 병으로, 사람에게 자연발생할 확률은 굉장히 낮은데다가 사람 사이에서는 잘 전염되지 않습니다. 사실 탄저병이란 단어는 주로 식물의 병해를 일으키는 탄저병균을 의미하는 것이고, 사람이나 동물에게서 발생하는 것은 탄저균에 의한 탄저입니다.

탄저는 균이 침입하는 양상이나 감염 부위에 따라 피부 탄저, 장 탄저, 폐 탄저 등 세 가지가 있습니다. 말 그대로 피부 탄저는 상처를 통해서, 장 탄저는 오염된 고기를 먹음으로써, 폐 탄저는 균을 흡입해 일어나는데, 이 중에서 가장 위험한 것은 폐 탄저균입니다. 폐 탄저균은 호흡기를 통해 들어오므로 감염시키기가 쉬운데다가 세 가지 탄저 중 치사율이 가장 높아 일단 발병하면 95%의 엄청난 사망률을 보입니다. 이쯤 되면 왜 사람들이 생화학무기를 핵폭탄과 비슷한 수준으로 이야기하는지 이해가 됩니다.

현대전은 이제 단순히 총과 칼과 대포로 싸우는 국지전에서 벗어나 미사일과 핵폭탄과 생화학무기(독가스나 치명적인 세균)까지 사용하게 되었습니다. 하지만 인류의 역사를 되돌아보면 고의적이었건 우연의 일치였건 이 작은 세균들을 이용해 손쉽게 적을 점령했던 사건들이 비일비재했습니다. 그 중 가장 유명한 일화는 16세기 신대륙 발견 시대에 일어났던 일이었습니다. 1518년, 스페인의 깡패 정복자 에르난도 코르테즈는 단 수십 명의 병사만을 데리고, 수백 년 동안 찬란한 문화를 꽃피웠던 인구 수만의 아즈텍 족을 누르고 잉카 문명의 시대를 완전히 끝장냈습니다.

정말 알 수 없는 일이었죠. 아무리 스페인 사람들이 총과 대포로 무장했다 하더라도 인해전술로 밀고 나가면 수만 명이 그까짓 수십 명을 당해내지 못했을까요? 도대체 아마존 정글 한가운데에 피라미드를 세우고, 황금의 나라로 불릴 정도로 문명이 발달했던 아즈텍이 그렇게 쉽게 무너진 것은 세계 몇 대 불가사의에 들어갈 정도로 이해할 수 없는 일이었습니다.

현대 학자들은 코르테즈가 그렇게 쉽게 이길 수 있었던 이유를 미생물들에게 돌리고 있습니다. 물론 스페인 사람들이 일부러 전쟁에 세균을 사용한 건 아니었지만, 그들은 본의아니게 온몸에 각종 세균들을 잔뜩 묻혀갔던 거였죠. 당시 중세 유럽은 페스트와 천연두가 창궐하던 시기였습니다. 이들이 대서양을 건너 신대륙에 도착했을 때, 초대받지 않은 이 작은 손님들도 그들과 함께였던 것입니다.

수백만 년 동안 대서양과 태평양에 둘러싸여 한번도 이런 세균들과 접촉한 적이 없던 고대 잉카 제국의 주민들은 이 작은 생명체들의 공격에 속수무책이었습니다. 신대륙의 발견 이후, 코르테즈뿐 아니라 수많은 부랑자들이나 한탕주의자들이 신대륙에 들어오면서 잉카 문명 전체에 천연두가 창궐하기 시작했고, 현지 주민들은 외부의 침입자에 대항할 여력도 없이 천연두, 인플루엔자, 홍역 등 보이지 않는 작은 적들의 공격에 힘없이 쓰러져갔습니다.

앞의 경우에는 의도하지는 않았지만, 옛사람들도 어렴풋이 '전염'이라는 개념을 알았던 것 같습니다. 2001년에 탄저균에 의한 테러가 기승을 떨칠 때, 미국 ABC 방송에서는 생물학적 테러에 대한 역사적 사실들을 정리해서 방송했습니다. 이미 14세기에 이탈리아를 공격하던 타르타르 족들이 페스트가 창궐하자, 페스트로 죽은 동료의 시신을 자신들이 공격하던 성 안으로 던져 넣고 도망쳤다는 기록이 있는가 하면, 18세기에는 영국 장군 암허스트가 프랑스군과 싸우면서 그들을 돕고 있는 북미 인디언을 몰살하기 위해 천연두가 묻은 담요를 살포해 기지를 함락시킨 적이 있습니다. 실제로 그는 이 기지를 세 번 공격해서 모두 실패했으나, 천연두 담요 살포 이후 펼친 작전에서는 기지를 탈환했다고 합니다.

이런 생물학적 무기의 사용은 19세기 들어 코흐와 파스퇴르가 세균의 존재를 밝혀내고, 이런 세균들이 병을 일으킬 수 있음을 동물 실험을 통해 보여 세균의 무기화 가능성에 대한 여지를 만들어주었죠. 20세기 들어서는 독일과 일본이 그 뒤를 이었는데, 독일이 유대인을 살상할 때 염소 가스와 같은 화학무기를 이용한 것이나, 일본의 관동 731부대가 '마루타'라고 불리던 인체 실험 대상으로 생물학무기에 대한 실험을 한 것은 유명합니다. 일본군은 태평양 전쟁이 막바지일 때 '도자기 폭탄' 개발에 열을 올렸다는 기록도 남아 있다

바퀴벌레 왕국의 대 테러 방지 대책위원회

고 해요. 이런 생물학 무기가 되는 세균들은 살아 있는 생명체이기 때문에 보통 폭탄에 넣어서 터뜨리면 고온과 고압으로 인해 대부분 죽어버리기 때문에, 높은 곳에서 떨어뜨리면 깨지도록 도자기로 폭탄을 만드는 방법을 연구했던 것이지요.

자, 다시 처음으로 돌아가 봅시다. 탄저균은 생화학적 무기가 될 요건을 모두 갖추었습니다. 첫째로 독성을 들 수 있습니다. 탄저균, 특히 폐 탄저는 일단 발병하면 1~2일 내에 환자의 70% 이상이 죽는 무서운 독성이 있습니다. 기존의 항생물질인 페니실린이 탄저균을 죽일 수 있는데도 이것이 생물학적 무기로 가치가 있는 것은 워낙 독성이 강해, 아차 하는 순간에 손쓸 틈도 없이 환자가 사망하기 때문입니다.

둘째, 탄저균 배양 기술이 무척 발달해 있습니다. 탄저균은 이미 19세기에 파스퇴르가 백신을 만들 정도로 오래전부터 다루어오던 세균이어서 대량 배양 기술이 있는데다가 일단 건조시켜 포자로 만들면 웬만해서는 잘 죽지 않거든요. 특히 탄저균은 열에 대한 저항성이 강해서 일단 오염되면 소각하는 게 가장 좋습니다.

셋째, 비용이 덜 들고 숨기기가 쉽습니다. 이것은 대부분의 생화학적 무기가 핵에 대항할 수 있는 기본적인 요건입니다. 세균을 대량 배양해 건조시키는 데는 여러 과정이 필요하고 전문 지식을 갖춘 연구원이 필요합니다만, 핵을 개발하는 데 들어가는 비용에 비하면 새발의 피요, 세포 배양용 인큐베이터나 클린 벤치, 원심분리기, 동결 건조기 등은 무기가 아니기 때문에 특별한 제지를 받지 않습니다. 또한 탄저균을 건조시켜 포자 상태로 만들면 하얀 분말이 되기 때문에 공항 입국 심사대를 통과하는 것은 식은 죽 먹기죠.

2001년 9월 11일, 비행기 넉 대가 미국의 자존심이라 할 수 있는 WTC와 펜타곤을 공격했습니다. 그로부터 한 달 뒤 탄저균이 든 하얀 편지가 아메리칸 미디어(AMI), NBC와 《뉴욕타임스》, 그리고 마이크로소프트(MS)의 자회사인 MS 라이선싱에 배달되었습니다. 이들은 미국의 문화와 기술력을 상징하는 곳으로 테러를 기획한 것이 누구든지 간에 미국에 대한 강렬한 적개심을 가지고 철저한 파괴를 목적으로 하고 있다는 것을 느낄 수 있습니다. 생물 중에서 제 동족을 이렇게나 많이, 그것도 격렬한 미움과 증오를 담아서 죽이는 종족은 아마도 인간밖에 없을 겁니다. 인간의 끝없는 욕심과 증오는 결국에는 스스로를 파멸의 암흑으로 끌어들이는 수렁이라는 것을 왜 모르는지…….

 관련 사이트

탄저 http://www.dsmbio.com/disease/disease-5.html

　　　http://bric.postech.ac.kr/issue/biochemistry(1).html

생물 무기와 전염병 http://bric.postech.ac.kr/issue/

　　　http://www.roachbusters.co.kr/cgi-bin/read.cgi?board=common&y_number=0

전염병과 문명의 몰락 http://home.megapass.co.kr/~seong102/disease/disease06.htm

니오베의 교만으로 인해 아폴론과
아르테미스의 화살에 죽어가는 아이들

바위가 된 니오베

카드모스의 왕비, 니오베는 모든 것을 다 가진 여인이었어. 훌륭한 남편과 일곱 아들과 일곱 딸이 이루는 다복한 가정, 성의 방마다 그득한 재물에 뛰어난 미모까지 겸비한 남부러울 것 없는 여인이었지. 그러나 모든 것을 다 가진 이가 겸손하기는 지극히 어려운 법. 어느 날 아폴론과 아르테미스의 어머니인 레토 여신을 기리는 행사에서 자식이 겨우 둘뿐이라는 이유로 여신께 불경한 언행을 하지.

하늘에서 오만방자한 니오베의 행동거지를 바라보던 레토 여신은 노발대발하면서 퀸토스 산정에 선 채로 아들과 딸인 아폴론과 아르테미스를 불러 푸념했지. 레토는 니오베를 향해 욕지거리를 더 퍼부으려 했지만, 아들 아폴론이 어머니의 말을 가로막았어.

"그만 하세요, 어머니. 불평하시면 불평하시는 만큼 저 여자가 벌을 받는 시간이 지체될 뿐입니다."

그의 누이 아르테미스도 오빠의 말에 동의하고, 남매신은 구름으로 몸을 가린 채 카드모스의 성으로 내려갔어. 곧 그들은 한 번도 목표를 놓친 적이 없는 화살을 꺼내 니오베의 아들과 딸에게 날렸어. 그녀의 자식들은 영문도 모른 채, 눈에 보이지 않는 화살을 맞아 모두 쓰러졌어.

니오베는 찢어지는 슬픔에 후회를 거듭했지만, 그렇다고 죽은 자식들이 살아 돌아올 수는 없었어. 너무도 큰 슬픔에 망연자실한 니오베는 그저 주저앉아 눈물만 흘릴 뿐이었지. 오랫동안 눈물을 흘리던 니오베는 결국 바위가 되었는데, 아직도 자식들을 생각하며 눈물을 흘리고 있대.

가벼운 감기부터 꽤 심각한 병까지 인간은 살아가면서 한두 번쯤 병에 걸리기 마련입니다. 인간이 지구상에 존재한 이래, 크고 작은 병원균들은 끊임없이 인간들을 공략해 왔습니다. 개중에는 14세기 중세 유럽을 붕괴시켜버렸던 흑사병, 천형(天刑)이라며 사람들의 냉대와 질시 속에 죽어가게 만들었던 나병, 전유럽을 지배했던 루이 15세도 어찌할 수 없었던 천연두 등 심각한 질병도 있었죠.

현대 사회에서는 이러한 질병의 위력이 많이 약해지긴 했지만, 위풍당당했던 선배들의 전통을 고스란히 이어받아 질병의 제왕으로 군림하는 병이 오늘날에도 있으니, 이름하여 에이즈(AIDS, Acquired Immune Deficiency Syndrome, 후천성면역결핍증)입니다. 현대판 흑사병으로 유명한 에이즈는 현재 뚜렷한 치료약이 없이 사망률 1백%에 그 전염경로가 떳떳하지 못하다는 이유로 (에이즈는 직접적인 혈액이나 체액이 섞였을 때만 전염됩니다) 쉬쉬하며 숨기려

하고, 당사자들은 결국 절망에 빠져듭니다.

그렇다면, 도대체 에이즈가 무엇인지부터 알아봅시다.

에이즈란 HIV(Human Immunodeficiency Virus)라는 바이러스에 의해 전염되는 병으로, 원래 아프리카 지역 일부에서만 발생하는 풍토병이었습니다. 에이즈 바이러스인 HIV는 아프리카 지역에만 서식하는 푸른 원숭이의 몸 속에서만 삽니다. 지난 수천 년간 에이즈 바이러스는 푸른 원숭이의 몸 속에서 아무런 말썽 없이 조용히 살고 있었던거죠.

그러던 어느 날, 누군가가 숲속에서 우연히 푸른 원숭이를 만나 그 발톱에 긁혔고, 화가 난 그는 그 원숭이를 창으로 찔러 죽였죠. 이 과정에서 푸른 원숭이의 피가 그의 상처 위에 떨어지는 일은 충분히 가능합니다. 그때 푸른 원숭이의 몸에 조용히 살고 있던 에이즈 바이러스는 숙주를 옮겨서 인간에게 전염되었을 겁니다. 에이즈는 감염 즉시 증상이 나타나는 것이 아니라, 잠복기(병원체가 몸 속에 들어와서 타인에게 전염은 가능하나, 특별한 증상을 일으키지 않는 시기)가 2~10년 이상으로 길기 때문에 그 기간 동안 그는 자신의 아내와 앞으로 태어날 자식들에게 바이러스를 전파했을 것입니다. 하지만, 아직은 별 문제가 없습니다. 에이즈는 직접적인 접촉으로만 전염되기 때문에 그 전파속도는 굉장히 느렸고, 수백 년간 아프리카 시골의 풍토병 정도로 여겨졌으니까요.

에이즈 바이러스는 매우 약해서 환경에 그대로 노출되면 살 수가

없습니다. 따라서 주로 환자의 혈액이 다른 이의 몸 속으로 들어오거나(상처를 통한 감염 또는 수혈), 성관계를 통해 점막을 접촉하거나 체액이 뒤섞이거나, 오염된 주사기, 면도기, 칫솔 등을 공동으로 사용하는 등의 직접적인 방법으로만 전염된다고 알려져 있습니다.

초기의 에이즈 환자들의 전염 경로는 주로 에이즈 보균자들의 혈액을 통한 수혈이 원인이었습니다. 앞에서 말했다시피 에이즈는 잠복기가 길기 때문에, 환자는 그 사이에 정상인과 똑같이 생활할 수 있어서 헌혈을 하는 경우도 종종 있었습니다. 에이즈 바이러스에 오염된 피는 다른 사람의 몸 속으로 들어가 그 사람을 살리는 대신, 그에게 에이즈라는 무시무시한 악마의 저주를 주게 된 것이죠. 그래서 초기에는 정기적으로 수혈을 받아야 하는 혈우병 환자들에게서 1차 희생자들이 나왔습니다. 그 후, 헌혈시 에이즈 바이러스의 검사가 필수 항목이 되면서 혈액을 통한 감염은 많이 줄어들어서 안도의 한숨을 내쉬고 있을 때, 에이즈는 사회의 어두운 이면에서 슬금슬금 세력을 넓히고 있었습니다. 다음의 희생자들은 마약을 즐기는 사람들과 동성연애자들이었습니다.

마약중독자들은 제대로 소독하지 않은 주사기를 여럿이 함께 돌려쓰는 경우가 많은데, 이 과정에서 에이즈 환자의 혈액이 주사기에 묻어서 들어왔으며, 동성애자들의 경우 항문 성교를 통한 생식기와 항문의 상처로 자주 감염이 일어나곤 했습니다. 이런 현상들이 점차 언론에 보도되기 시작하면서, 부풀려져 꽤나 오랫동안 '에이즈 환자=마약중독자 또는 동성애자=죽어도 된다'라는 등식이 성립되어 에이즈 환자들은 사회에서 더욱 소외되어 왔습니다. 걸리면 그저 죽는 날만 기다릴 뿐 아무것도 할 수 없다는 절망에 더해서 사회적인 천대와 질시의 시선까지도 동시에 받아야 하는 것이 바로 에이즈의 특징입니다. 에이즈는 단순한 질병을 넘어서서 한 사회에서의 소속감마저 빼앗는 질병이 된 것입니다.

모든 에이즈 환자는 동성연애자 또는 마약중독자일 것이라는 오해는 뿌리가 꽤나 깊습니다. 하지만, 최근 경향을 살펴보면 오히려 이성간의 성접촉을 통한 에이즈 전파율이 급상승하고 있음을 알 수 있습니다. 자신이 배우자 외의 사람과 맺는 무분별한 성관계가 에이즈라는 엄청난 대가를 가져오는 것이죠. 이런 경우, 여성들은 남성들에 비해 불리합니다. 에이즈에 걸린 여성이 남자와 성관계를 맺는 경우 남자에게 전염시킬 확률은 그 반대의 경우보다 낮거든요.

또한 에이즈는 주로 성관계를 통해 전염되기 때문에, 에이즈에 걸린 여성의 증가는 그 개인의 불행이기도 하지만, 나아가서는 에이즈 바이러스를 천형으로 지니고 태어나는 아이들을 만들어낸다는 문제를 발생시키기도 합니다. 이를 수직감염이라고 하는데, 최근에는 에이즈에 걸린 산모에게서 건강한 아이가 태어났다는 보도가 있기도 했었지만, 어쨌든 출산중에 아기에게 엄마의 체액이 조금이라도 들어가면 아기는 에이즈에 걸리기 때문에 이건 아주 위험한 일입니다.

그렇다면 에이즈는 왜 무서운 병일까요?

에이즈 바이러스는 인간의 백혈구 중에서 T-세포를 공격합니다. 면역계의 핵심인 백혈구는 세균의 찌꺼기를 먹어치우는 대식세포, 항체를 만들어 간접적으로 병균을 물리치는 B-세포(B-cell), 세균을 직접 죽이는 백병전 기술을 가진 T-세포(T-cell) 등 여러 가지 방어세포로 구성되어 있어 체내로 들어온 병균을 제거합니다. 에이즈 바이러스는 자체로는 병을 일으키지 않습니다. 그저 체내의 T-세포만을 선택적으로 공격하여 죽여버릴 뿐. 마치 특수 스파이가 침투하여 민간인은 하나도 건드리지 않고, 군인들만 선택적으로 죽이는 것처럼요. 그것 자체로 민간인들이 피해를 입지 않습니다. 하지만, 국경을 지키는 군인들이 하나도 없다면, 다른 나라에서 침입했을 때 꼼짝없이 전멸당할 수밖에 없다는 거죠. 마찬가지로 에이즈 자체는 병이 되지 않지만, T-세포가 고장나면 면역계 전체가 말을 듣지 않기 때문에 단순한 감기도 낫지 않고, 살아 있는 사람 몸에 곰팡이가 피

고 살이 썩을 수도 있으며, 폐렴이라도 걸리면 죽음을 맞을 준비를
해야 할 정도입니다.

에이즈가 지금처럼 사람들의 입에 오르내리기 시작한 것은 1980
년대 초였습니다. 이후, 과학자들은 특유의 호기심으로 이 신종 바
이러스에 관심을 가지기 시작했습니다. 그 수많은 과학자들이 한꺼
번에 달려들어서 에이즈 바이러스의 특징과 감염경로와 유전자의
구조까지 알아냈는데도, 효과적인 에이즈 치료제는 아직 나오지 않
았습니다. 왜일까요?

아직까지는 모르는 부분이 많아서, 아직 연구가 덜 되어서라는
말로 넘어가기엔 뭔가 미심쩍은 부분이 있습니다. 그래서 나온 말이
'에이즈의 경제학' 입니다. 초기의 에이즈 환자들은 대부분 마약중독
자, 동성애자 등 사회적, 경제적으로도 하층계급의 사람들이었죠.
에이즈 치료제가 나온다 하더라도, 사회적 약자인 그들에게 엄청나
게 비싼 치료약을 살 만한 돈이 없을 뿐더러, 그런 사람들을 살려봤
자 인간 쓰레기만 늘린다는 인식이 사회에 퍼져 있었습니다.

결국 에이즈 치료제 개발은 경제적인 수지 타산이 맞지 않는 사
업이 되어버린 겁니다. 초기에 무서운 신종 바이러스에 대한 두려움
으로 돈을 대던 사람들도 함부로 수혈을 받지 않고, 콘돔을 쓰는 등
조심하면 자신들이 걸릴 확률은 매우 낮다는 걸 알게 되면서, 서서
히 등을 돌렸죠. 차라리 그 돈을 암 연구나 고혈압, 비만, 심장질환
등 자신들이 걸릴 확률이 더 높은 병에 투자하는 게 이익이라는 생
각을 한 거죠. 따라서 에이즈 치료제 개발에 대한 연구비는 자꾸 깎

이고, 과학자들의 순수한 호기심은 이익으로 연결될 수 없기 때문에 에이즈 치료제 연구는 자꾸 축소되고 결국에는 흐지부지되었습니다. 그나마 현재 나와 있는 에이즈 치료제의 치료비는 연간 1만 달러(약 1천 3백만 원) 정도입니다. 각종 약재를 섞어 먹는 칵테일 요법을 사용하기 때문이죠.

그러나 80% 이상의 에이즈 환자들은 1인당 GNP가 연 200달러에도 미치지 못하는 제3세계 사람들입니다. 환자 대부분이 구매력이 없다는 것, 이것은 에이즈 치료제 개발에 연구비를 투자하지 않게 만들 뿐 아니라, 기존 치료제들의 가격도 인하시키지 않게 합니다. 어차피 사먹을 사람이 많지 않다면, 가격을 아주 비싸게 매겨 살 수 있는 사람들한테만 파는 것이 제약회사 입장에서는 더 유리하거든요.

에이즈가 우리에게 가르쳐준 것은 '믿을 수 있는 자신의 파트너에게만 성실하라'는 도덕적 각성 외에도, 질병이란 그 자체의 심각성이 아니라 그 질병을 앓고 있는 사람들이 사회에서 차지하는 위치가 어디냐에 따라서 질병의 경중(輕重)과, 연구비의 다소(多少)가 결정된다는 사회의 냉혹함입니다. 즉, '인간의 생명은 고귀하다'라는 것이 인간 사회에서는 허울좋은 입발림이 될 수도 있는 게 현실입니다.

 관련 사이트

한국 에이즈 포럼 http://medcity.com/disease/aids
세계 에이즈 퇴치 사업 http://www.worldvision.or.kr/aids/aids.html
AIDS online http://www.aidsonline.com

헤라클레스의 아내 데이아네이라를
납치하는 반인반마 네소스

네소스의 피의 복수

헤라클레스는 물살이 험한 에베노스 강가에 이르렀어. 강물은 겨울비로 엄청나게 불어나 건너기가 쉽지 않아 보였지. 헤라클레스 혼자라면 그 정도 물살은 문제가 되지 않았겠지만, 아내 데이아네이라가 같이 있어 난감한 상황이었어. 그때 켄타우로스(반인반마)인 네소스가 다가왔어.

"그대는 혼자서도 이 강을 헤엄쳐 건널 수 있겠지요? 부인은 내가 업어 강 저쪽으로 건너다 드리겠소."

그래서 헤라클레스는 이 말을 믿고 아내를 맡기기로 했어. 그리고 그는 망설임 없이 물 속으로 뛰어들어, 먼저 강을 건너갔어. 헤라클레스가 강기슭에 도착해 던져두었던 활을 집으려는데, 아내의 비명소리가 들려왔어. 네소스가 자기의 믿음을 저버리려 한다는 것을 알고 격분한 헤라클레스는 네소스를 향해 화살 한 대를 날렸지. 화살촉은 도망치는 네소스의 등에 가슴으로 튀어나올 만큼 깊이 꽂혀서, 네소스의 등과 가슴에서는 레르네 샘에 살던 히드라의 독이 섞인 피가 쏟아져나왔어. 그러나 네소스도 만만치 않았어.

"나는 죽되 내 피로 하여금 이 값을 치르게 하리라."

네소스는 이렇게 중얼거리면서 천조각에 자신의 피를 적셔, 장차 요긴한 사랑의 묘약이 될 것이라며 데이아네이라에게 주었지. 아무것도 모르는 데이아네이라는 이 피묻은 천조각을 깊이 간직했고, 결국에는 이 천조각에 묻은 네소스의 피가 헤라클레스를 죽음에 이르게 했단다.

어렸을 때 여름철이면 뇌염 예방주사, 속칭 '불주사'라는 이상한 이름으로 불리던 BCG를 비롯해, 간염, 홍역, 볼거리, 수두, 풍진, 소아마비, 티푸스 등 수많은 예방주사를 맞았던 기억이 납니다.

예방주사의 기본 원리는 우리 몸에 존재하는 면역체계를 활성화시켜 자체적인 질병 저항성을 갖게 하는 것입니다. 우리 몸에는 다양한 종류의 면역세포들이 있어서 체내에 병원균이 들어오면 이를 물리치게 됩니다. 이들이 하는 일에는 크게 두 가지가 있는데, 항체(antibody)를 만들어 외부 침입 물질(항원, antigen)을 감싼 뒤 이를 무력화시키는 기능과, 외부 침입물질을 직접 먹어치우는 기능으로 나눌 수 있습니다. 예방주사는 전자의 기능을 활용한 대표적이고 성공적인 예입니다.

외부에서 들어오는 물질의 수는 헤아릴 수 없이 많을 뿐 아니라, 어떤 것이 해로운지, 그렇지 않은지를 구별하기는 더더욱 힘듭니다.

따라서, 우리 몸은 외부에서 유입되는 모든 물질에 대해서 그에 대항하는 항체를 만들어낼 수 있도록 진화되어 왔습니다. 항체는 반드시 병원균에 대해서만 생성되는 것은 아닙니다.

이론적으로 말하자면 체내에 유입된 모든 외부 물질에 대해서 항체가 생성되는 것이죠. 항원이 몸 속에 들어오면 면역세포들이 이를 파악하여, 이 항원의 특이한 모양을 인식합니다. 그래서, 그 특정 항원만을 식별하여 선택적으로 달라붙을 수 있는 항체를 생성하게 되는데, 아무래도 이 과정에서 시간이 걸리게 마련입니다. 생전 처음 보는 물질을 파악해서 그에 꼭 맞는 항체를 디자인하는 데는 시간이 걸립니다.

이 작업은 상당히 힘들고 어려운 일입니다. 또한 한 번 들어왔던 항원이 나중에 다시는 침입하지 않으리라는 보장도 없지요. 그러면 그때마다 힘들게 항체를 새로 만들어야 할까요? 우리 몸은 똑똑합니다. 일단 한 번 들어온 항원에 대해서는 항체에 대한 정보를 보관하는 세포들이 있거든요. 한 번 침입했던 적의 장단점을 기록하고 데이터베이스화해 다음 번 침입에 대비하는 기능을 하는 기억 세포(Memory cell)가 존재하기 때문에 일단 한 번 만들어봤던 항원에 대한 항체는 다음에 똑같은 항원이 다시 들어오는 경우, 지체 없이 폭발적으로 항체를 만들어내 단숨에 항원을 없애버릴 수 있는 능력을 갖게 됩니다.

예방주사는 생체가 가지고 있는 이런 자연 치유 시스템을 교묘하게 이용해서 병을 막을 수 있습니다. 즉, 인간의 체내에 그 자체로 병을 일으킬 수는 없으나 항체를 생성시킬 수 있는 것들을 일부러 주사하는 것입니다. 예를 들면 병원균을 일부러 허약하게 만들거나[H] 또는 항체가 병원균을 인식하는 특정 부위를 인공적으로 만들어서 몸에 넣어주는 것이죠. 그러면 우리 몸의 면역세포들은 이를 진짜 외부 침입자로 인식하여 그에 대한 항체를 만들어 이 정보를 메모리 셀에 보관하게 됩니다. 이젠 같은 종류의 병원균은 아

생균 백신, 이것은 주사를 맞는 사람이 병에 대한 저항력이 약한 경우에는 위험할 수도 있습니다. 예방 주사의 시초로 여겨지는 제너의 종두법이 나오기 이전에도 사람들은 천연두 환자의 피고름을 흡입하여 가볍게 병을 앓고 나면 다시는 병에 걸리지 않는다는 사실을 깨닫고 있었습니다. 하지만, 그들은 그 수위를 조절할 줄 몰랐기 때문에 때로는 병에 걸리지 않게 하기 위한 이런 조치로 목숨을 잃는 경우도 많아 함부로 시도하지는 못했습니다. 실제로 예방주사는 이런 원리를 많이 이용하기 때문에 열이 있거나 몸 상태가 많이 약한 경우, 독이 될 수도 있습니다. 가끔씩 발생하는 예방주사 의료사고는 이런 몸 상태를 제대로 파악하지 않고 예방주사를 사용할 경우에 많이 일어납니다.

무리 많이 들어와도 메모리 셀에 저장한 정보만 문제 없으면, 얼마든지 물리칠 수 있으니까요. 다음의 상황을 살펴보죠.

오늘은 결혼한 지 1년 되는 날, 기념으로 아내와 여행을 떠났습니다.

좀 위험한 듯 했지만, 절벽 위의 멋진 풍경을 배경으로 아내가 서 있는 사진을 찍고 싶어서 무리하게 아내에게 올라가라고 한 것이 화근이었습니다. 아차, 하는 순간 아내는 절벽 아래로 굴렀고 부랴부랴 병원으로 데려갔지만, 피를 너무 많이 흘려서 수혈을 해야 한다는 말을 들었습니다. 다행히도 아내와 저는 혈액형이 같습니다. 미안함과 아내에게 무엇이라도 해야겠다는 절박한 마음에 의사에게 팔을 내밀

었습니다. 내 피를 아내에게 넣어달라고. 얼마든지 수혈하겠다고. 하지만, 의사는 고개를 흔듭니다.

왜? 왜, 나의 피를 아내에게 주지 못하게 하는 걸까요?

안됐지만, 남편의 혈액을 아내에게 수혈하지 않는 것이 좋습니다. 실제로 이런 상황이 닥친다면 어떤 사람이라도 아내를 살리는 데 도움이 되고 싶은 마음에 당장이라도 팔을 걷어붙이고 나설 겁니다. 그렇지만, 그런 행동은 자칫하면 미래에 더 큰 불행을 가져올 수도 있기에 아주 급한 상황이 아니라면 그리 권하고 싶지는 않습니다. 아내를 살리기 위한 수혈이 미래의 아기를 죽이는 결과를 가져올 수도 있으니까요.

왜냐구요? 자, 다시 면역 시스템 이야기로 돌아가죠.

아무리 혈액형이 같아서 수혈이 가능하다고 하더라도 남편의 혈액은 엄밀하게 말하자면 아내에게는 외부에서 들어오는 이물질입니다. 또한 전혈 수혈의 경우, 적혈구뿐 아니라 백혈구, 혈소판 및 혈장의 각종 성분들이 고스란히 아내에게 넘어가고, 그 속에 들어 있는 수많은 단백질은 아내의 몸에서 외부 물질로 인식됩니다.

면역 시스템은 일단 외부에서 들어오는 모든 물질을 '적'으로 규정하고 항체를 만드는 것을 기본으로 하기 때문에 이를 인식한 아내의 체내 면역 시스템은 즉시 이것을 외부 물질로 규정하고 이에 대한 항체 시스템을 가동시킬 것입니다. 그 중에는 너무 양이 적거나 정보가 부족해서 항체가 만들어지지 않는 것들도 있겠지만, 별다른 해를 끼치진 않아도 항체를 만들 만큼 충분한 자극을 주는 물질도

도원결의

있을 것입니다. 만약에 이 과정에서 항체가 만들어졌다면 그 정보는 기억 세포에 저장될 것이구요. 수혈의 경우에도 혹시 있을 이런 사태에 대비하기 위해서 같은 사람의 혈액을 계속해서 수혈하지는 않습니다. 헌혈한 혈액에는 개인에 대한 고유 일련번호가 매겨져 관리되기 때문이죠. 만약 남편이 아내에게 수혈을 하면 문제가 될 소지가 다분해지지요. 특히 아이를 원하는 젊은 부부의 경우에는 더더욱 안될 말이죠.

임신을 하게 되면 어쨌든 모체에게 태아란 절반은 완전한 이물질입니다. 따라서, 모체의 면역 시스템은 태아를 이물질로 규정하여 공격하는 경우가 생기고, 자연적인 상태에서 수정된 수정란 중 70%가 이런 면역 반응을 이기지 못하고 착상조차 하지 못한 채 죽어갑니다. 정상적인 경우도 그러한데, 남편에게 수혈을 받아서 혹시 남편의 특정 유전자 타입에 대한 항체가 생성되어 있다면 이 아기가 면역체계의 엄청난 저항을 이기고 자궁벽에 착상하긴 정말 힘들게 됩니다. 수정란의 착상부터 방해를 받기 시작할 것이고, 요행히 착상이 되었다고 해도 자연 유산이 자꾸 반복되곤 합니다.

이런 사태가 계속 되다 보면 최악의 경우, 아내와 남편 모두 생식 능력에 전혀 이상이 없는데도 아이를 낳을 수 없는 비극적인 사태가 일어날 수도 있습니다. 남편이 아닌 다른 누구의 아기라도 가질 수가 있지만, 정작 사랑하는 남편의 아이는 낳을 수 없게 되는 아이러니가 발생할 수도 있는 거죠.

자연의 법칙을 살펴보면 선의로 행한 일이 반드시 좋은 결과를 가져오는 것만은 아니라는 것을 알게 됩니다. 때로는 선의의 행동이 사태를 더욱더 나쁘게 만들 수도 있지요. 자연은 끊임없이 변화하고 진화하여 자신의 모습을 바꿔가지만, 그 속에 방향성과 목적성과 선의라는 것은 존재하지 않기 때문이 아닐지……. 진화는 사실이지만, 특정한 목적을 가지고 일어나는 것은 아닙니다. 수많은 가능성에 대한 결과 중 자연 그 스스로에게 가장 적합한 결과만이 살아남는 것뿐.

 관련 사이트

면역학 http://www.antibody.co.kr/homeindex.htm

대한수혈학회 http://www.transfusion.or.kr

피에 대한 오해들 http://www.amc.seoul.kr/~swkwon/QTF-5MIS.html

질펀한 술잔치를 벌이고 있는 디오니소스 축제

광란의 디오니소스 축제

에키온의 아들 펜테우스 왕은 신들을 믿지 않았어. 오만방자한 그에게 현자 테이레시아스는 충고했지.

"가없은 젊은 왕이여. 디오니소스 신께서 이곳에 오실 날이 임박했소. 만일 거룩한 사당에서 이분을 섬기는 명예를 거절한다면 그대의 어머니와 이모들은 그대의 온몸을 갈가리 찢어 숲에 뿌릴 것이라오."

테이레시아스가 소상하게 그 미래를 예언했는데도 조금도 뉘우치지 않은 펜테우스는 그를 욕하며 내쫓았대.

드디어, 디오니소스가 올 날이 가까이 왔고, 산야에는 신을 섬기는 자들의 찬양소리로 낭자했지. 테베 시민들은 모두 거리로 몰려나와 새로 온 신을 위한 축제를 준비했지만, 펜테우스 왕만은 이를 완강하게 거부하면서 오히려 그는 신도들을 탄압하기 위해 몸소 키리온 산으로 갔지. 그러나 맨 먼저 이 펜테우스를 알아보고 미친 듯이 달려 내려와 지팡이를 휘두른 사람은 놀랍게도 펜테우스의 어머니였어.

"얘들아! 너희 둘 다 이리 와서 나를 도와다오. 이 멧돼지! 우리 밭을 들쑤셔놓은 이 커다란 멧돼지를 창으로 찔러 죽여야겠다."

그녀의 말이 떨어지자 열광해 있던 무리가 쏜살같이 기겁을 하고 서 있는 펜테우스 왕 쪽으로 돌진해 왔어. 왕은 두 이모를 향해 애원했대.

"아우토노에 이모님, 저를 도와주세요. 부디 저를 불쌍히 여겨주세요."

펜테우스가 이렇게 간청하는데도 아우토노에는 이 펜테우스의 오른팔을 잘라버렸고, 또 한 이모인 이노는 그의 왼팔을 잘라버렸어. 그의 어머니 아가베가 그의 머리를 잘라버리자 기다리고 있던 신도의 무리가 몰려와 눈 깜짝할 사이에 펜테우스 왕의 사지를 갈가리 찢어버렸대.

봄과 가을이면 꽃가루 알레르기가 기승을 부리고, 찬바람이 불면 알레르기성 비염 환자가 이비인후과에 넘쳐나고, 알레르기성 천식 환자들도 고생을 합니다. 비단 이런 호흡기 질환뿐 아니라 음식물에도 알레르기[H]를 일으키는 것들이 있는가 하면, 심지어는 닿기만 해도[H][H] 알레르기 증상을 일으키는 경우도 있습니다.

달걀 알레르기를 예로 들 수 있습니다. 이런 사람들은 달걀을 먹으면 두드러기가 나고 심하면 호흡 곤란까지 올 수 있기 때문에 달걀을 아예 못 먹을 뿐 아니라, 독감 예방 주사도 맞아서는 안 됩니다. 독감 예방 백신을 달걀에서 만들어내기 때문이죠. 그 밖에도 복숭아나 고등어, 생새우, 우유 등도 알레르기를 유발할 수 있습니다. 이론적으로 보면 이 세상 모든 물질들이 알레르기를 일으킬 수 있습니다.

대표적인 것으로 금속과 옻나무 알레르기가 있습니다. 금과 은을 제외한 금속에 알레르기 반응을 보여 시계도 못 차는 사람이 있는가 하면, 옻나무 잎에 조금만 스쳐도 온몸이 퉁퉁 붓는 사람도 있답니다.

알레르기란 원래 '변형된'이라는 의미를 가진 그리스어 'allos'에서 유래된 말로 1906년 프랑스 학자 폰 피케르가 처음으로 이 용어를 쓰면서 점차 세상에 알려졌습니다. 알레르기의 증상은 가벼운 가려움증이나 두드러기가 가장 일반적이지만, 비염, 천식 등 상당히 괴로운 반응을 일으키기도 하고, 심한 경우 알레르기성 쇼크⑭로 목숨을 잃을 수도 있습니다.

대표적인 것으로 아나팔락시스(페니실린 쇼크)가 있습니다. 페니실린은 광범위하게 쓰이는 항생제이지만, 곰팡이에서 직접 뽑아낸 단백질 성분으로 개인에 따라서 알레르기성 쇼크를 일으켜 혈관 수축 및 기도 수축을 유발해 죽음을 초래할 수도 있습니다. 대개 외부에서 유입된 단백질 성분이 알레르기를 잘 일으켜서 어떤 사람에게는 조금 따끔하게 느껴지는 벌침이 다른 사람에게는 치명적인 독이 될 수도 있습니다.

이 경우, 페니실린 쇼크가 잘 알려져 있는데, 즉시 조치를 취하지 않으면 심장마비를 일으키게 되죠. 알레르기는 어느새 우리 생활 깊숙이 들어와 있어서 익숙한 단어가 되었습니다. 그렇다면 알레르기란 왜 일어나는 걸까요?

알레르기는 체내의 면역계가 정상적이라면 반응하지 말아야 할 것을 적으로 인식해 이상과민반응을 일으키는 현상입니다. 우리 몸에는 적의 침입으로부터 자신을 지키기 위한 면역체계가 있는데, 그중 하나가 바로 항체입니다. 항체란 인체에 들어온 해로운 물질이 우리 몸에 해를 끼치지 못하도록 덮어씌워서 무력화시키는 물질을 말합니다. 체내에 들어온 병원균은 무엇이든 체내의 물질과 결합해야만 살아남아 병을 일으킵니다. 항체는 이 병원균의 겉을 촘촘히

감싸게 되는데, 이렇게 잘 싸인 병원균은 먹기 좋은 당의정과 같아져 킬러세포가 이들을 쉽게 잡아 먹을 수 있습니다.

원래 항체는 외부에서 들어오는 물질 중 몸에 해롭다고 판단된 것들만을 선택적으로 골라 없애버리는 임무를 띠고 진화해왔습니다. 그런데 어쩐 일인지 이 항체들이 별로 해롭지 않은 것들, 심지어는 체내에 원래 존재하는 것들을 적으로 인식하고 공격하는 경우가 생깁니다.[H]

이렇게 자기 자신을 적으로 인식하고 공격하는 것을 자가면역질환이라고 합니다. 대표적인 자가면역질환으로 의심되는 것이 류머티즘입니다. 이것은 체내의 면역세포들이 자신의 관절에 존재하는 연골을 적으로 인식해 공격하는 무서운 병입니다. 이들의 아군 오인 사격에 관절은 석회화되어 심해지면 결국 관절을 쓸 수 없게 됩니다.

이들의 공격은 말 그대로 작은 전쟁입니다. 전쟁이니 그 전장(여기서는 사람 몸이 되겠죠)이 어떻게 될까요? 당연히 이상이 옵니다. 이들이 체내에서 전쟁을 벌이면 당사자는 가려움, 기침, 콧물, 통증 등을 느끼게 되는 거죠. 아직까지 왜 어떤 사람에게는 괜찮은 것이 다른 사람에게는 알레르기를 일으키는지, 예전에는 괜찮았는데 왜 요즘 와서는 알레르기를 일으키는지 정확한 기전은 밝혀지지 않았습니다. 현재의 알레르기 치료는 알레르기를 일으키는 유발물질(알레르겐, allergen)을 없애고, 증상을 경감시키

이놈의 마늘 알레르기 좀 고칠 수 없을까요?

드라큘라의 고민

는 대증요법에 머물 뿐 근본적인 치유 방법은 없습니다. 왜 일어나
는지 확실히 알 수 없으니까요.

얼마 전부터 알레르기에 대한 재미있는 보고가 나오고 있습니다.
우리 몸에서 만들어내는 항체는 크게 다섯 그룹으로 나눌 수 있는
데, 그 중 하나인 IgE(immunoglobulin-E) 종류에 속하는 항체들이
알레르기를 일으키는 주범이라는 학설이 점차 주목받고 있습니다.
사실 IgE는 항체 중 우리 몸에 매우 적은 수만 존재하여(실제로 IgE
는 우리 몸에 존재하는 항체 전체량 중 십만분의 일 정도에 불과하거든

애완동물을 기르는 것도 알레르기성 비염, 천식의 원인이 될 수 있다.

요) 어떤 기능을 할 것이라고는 생각하지 않았거든요. 지금껏 알려진 유일한 IgE의 기능은 기생충에 대한 방어 작용을 한다는 것 정도입니다. 즉, 알레르기와는 전혀 상관없는 물질로 보였죠. 그러나 알레르기가 이렇게 창궐하게 된 시기가 기생충이 없어지기 시작한 시기와 맞물리고 있다는 것이 어느 예리한 학자에게 포착됐답니다.

알레르기가 이렇게 유명해진 건 불과 수십 년도 채 안 되었습니다. 그전까지는 천식 환자나 알레르기성 비염 환자가 이렇게 많지 않았어요. 그럼 그때는 봄가을에 꽃가루가 덜 날렸을까요? 고양이나 개의 털이 지금보다 덜 빠졌을까요? 물론 요즘 와서 각종 매연이나 분진 등 해로운 화학물질이 많아진 것은 사실이지만, 그래도 예전에도 꽃가루는 날렸을테고, 집집마다 기르는 소나 말, 양 등의 가축에게서 대량의 털과 진드기들이 떨어졌을테니까요.

아이러니컬하게도 알레르기는 문명이 가져다준 선의의 필요악이라는 것이 바로 IgE와 알레르기를 연구하는 사람들의 주장이랍니다. 사람들이 구충제로 기생충을 박멸한 이후, 서양식 입식 주거 방식으로 흙을 밟지 않고, 깨끗한 방안에서 난방을 통해 따뜻하고 건조한 공기를 공급받으면서부터 알레르기는 점차 늘어났죠. 급격하게 깨끗해진 환경이 인간의 몸에 유입되는 위험물의 수를 획기적으로 감소시키자, 할 일이 없어진 항체들이 이제는 건드리지 않았던 비병원성 물질이나 심지어는 같은 편인 자신의 조직까지 공격하게 되었다는 이론이 바로 IgE와 기생충의 역학 관계에 대한 가설의 핵심이랍니다.

인간 사회 역시 제도의 변화가 사람들의 인식의 변화를 따라가지 못하는 경우가 종종 생깁니다. 사람들이 급격히 변하고 시대 조류도 변했지만, 기존의 낡고 고리타분한 관습들과 제도들은 여전히 유지되어 변화하는 시대에 제동을 걸고 삐걱거리는 것은 어제 오늘의 일은 아니죠. 제가 늘 말씀드리는 것처럼 인간 사회의 모든 현상들은 자연 속에서 일어나는 현상들을 그대로 닮아 있습니다. 인간 역시 자연의 일부에서 벗어날 수 없다는 것을 증명이나 하듯이. 어쩌면 알레르기는 자연이 인간에게 주는 경고의 메시지를 담고 있는 것인지도 모릅니다.

생물이란 끊임없이 변화하고 그 속에서 진화해 발전해 나가는 것이 숙명이듯, 인간 사회 역시 그렇게 계속해서 변화하고 발전해 나가야 한다고. 그러한 발전을 거스르려 하면 알레르기 반응을 일으켜 쇼크로 죽을 수도 있다고. 자연은 인간에게 그런 말을 하고 싶은 게 아닐까요.

관련 사이트

대한 천식 및 알레르기 학회 http://www.allergy.or.kr

알레르기성 질환 http://user.chollian.net/~pain7575/m_allergy.htm

페니실린 쇼크 http://drjun.pe.kr/anaphylaxis.htm

IgE의 기능

　　http://bric.postech.ac.kr/webzine/content/review/immun/2001/Apr/modif04.html

아들 펠롭스를 죽여 신들을 기만한 대가로
영겁의 갈증에 시달리는 단탈로스

펠롭스는 리디아의 왕 탄탈로스의 아들이었어.

너무나 뛰어난 인간이었던 탄탈로스는 그 능력을 인정받아 신들과 함께 식사하며, 암브로시아와 넥타르를 먹어 불사신이 되었지. 불사의 몸이 된 탄탈로스는 우쭐한 마음에 신에게 불경을 저지르게 되지. 그는 감히 신을 시험하려 했던 거야.

어느 날, 탄탈로스는 신들을 식사에 초대하고는 자기 아들인 펠롭스를 죽여 그 고기로 국을 끓여 신들에게 대접함으로써 오만하게도 신들의 전능을 시험하려 했지. 그러나 이런 작은 속임수에 속아 넘어간다면 신이 아니지. 참석한 모든 신들은 그것이 인간의 고기인줄 알고 먹지 않았으나, 그 당시 페르세포네를 잃은 슬픔에 빠져서 정신을 반쯤 놓고 있던 데메테르만이 별 생각 없이 이 불경한 음식을 먹고 말았어. 분노한 신들은 탄탈로스를 지옥에 가두고 영원히 갈증에 시달리게 하는 형벌을 내렸다고 해.

불쌍한 펠롭스는 어떻게 되었냐고? 제우스의 명을 받아 헤르메스가 펠롭스를 저승에서 데려오고, 다른 신들이 자신들의 접시에 담겨 있던 펠롭스의 사지를 붙여서 그를 살려냈지만, 왼쪽 어깨 부분만은 찾을 수가 없었어. 슬픔에 잠긴 데메테르가 먹어버렸기 때문이지. 할 수 없이 신들은 펠롭스의 왼쪽 어깨를 상아로 메워놓았대. 이때부터 펠롭스의 자손은 태어나면서 흰 어깨를 가지게 되었다고 한단다.

현대 의학은 이제 더 이상 치료할 수 없을 만큼 손상된 장기는 떼어내버리고 새로운 장기로 대체하는 데까지 발전했습니다. 그러나 의학 기술들이 외과 수술의 발전을 따라가지 못하는 상태에서 기술적으로 장기 이식을 못 하는 것이 아니라, 단지 기증받을 수 있는 장기의 수가 모자라서 수많은 사람들이 고통받고 때로는 죽어가는 실정입니다. 아직까지 인간의 장기를 인공적으로 만드는 기술은 없으니까요. 따라서, 장기 이식을 받으려면 같은 인간의 생체에서 생겨난 조직을 받아야 하는데 신장 같은 것은 두 개씩 있으니까 그나마 괜찮지만, 심장이나 간 같은 장기는 하나뿐이니 이식해줄 사람을 구하기가 어렵지요. 다행히 자신의 장기를 기꺼이 나눠주겠다는 사람이 나타나도 문제는 남아 있습니다.

인간의 면역 시스템은 외부에서 들어오는 물질은 무조건 '적'으로 규정하고 공격하기 때문에, 다른 사람의 장기를 함부로 이식했다가는 당장 면역 시스템의 공격으로 망가질 뿐 아니라, 이식받은 사람조차 거부반응으로 죽을 수도 있지요. 따라서 자신의 부모 또는 형제 자매의 장기를 받는 것이 가장 좋습니다. 일란성 쌍둥이라면 하늘이 주신 기회일테고, 같은 부모에게서 난 형제자매라면 면역체계가 비슷할 확률이 높기 때문에 환자는 무사히 살아날 가능성이 많아집니다.

　　"이제 장기 이식밖에는 방법이 없군요. 혹시 형제 중에 장기 이식을 해주실 만한 분이 없나요?"
　　"하지만, 선생님, 전 형제도 없고, 부모님은 이미 돌아가셨습니다."
　　"어허, 이거 곤란하게 됐군요. 인척관계가 아닌 타인과 골수가 맞을 확률은 십만분의 일이 넘는데……."
　　"그럼, 그럼 전 어떡합니까?"
　　"현재로는 방법이 없습니다. 그저 골수가 같은 사람이 나타날 때까지 기다리는 수밖에……."

그러나 현대사회에서는 예전처럼 형제자매가 많지 않기 때문에, 또는 그 외 다른 이유로 장기 이식만 받으면 살 수 있는 사람인데도, 자신과 맞는 타입의 장기를 기증받을 때까지 살지 못하는 사람들이 많습니다. 현대의 발달된 기술과 죽음을 두려워하는 생명체의 본능은 이제

누나 몰리의 목숨을 살리기 위해 태어난 아기 애덤.

저의 맹장이 다른 이의 생명을 구할 수 있길 바래요.

맹장염 환자의 희생정신(?)

더 이상 신의 자비에 엎드려 구원을 비는 대신, 자신의 손으로 생명을 연장시키고자 나섰습니다.

2000년 이맘때쯤, 신문에 작은 사진이 실렸습니다. 여섯 살 난 여자 아이 하나가 갓 태어난 자신의 남동생 뺨에 키스하는 사진. 얼핏 보면 어린 남매의 다정한 포즈를 담은 사진이 신문에 실린 건 그 갓 난아이(애덤)가 누나(몰리)의 목숨을 살리기 위해 태어났기 때문입니다. 몰리라는 이 여섯 살짜리 소녀는 치명적인 유전질환인 팬코니 빈혈증을 앓고 있습니다. 유일한 치료법은 골수이식뿐. 이식을 받지 못하면 아이는 대개 7~8세를 넘기지 못하고 죽어버립니다. 자신의 골수가 아이에게 이식될 수 없다는 판정을 받은데다가 골수 기증자가 나타날 때까지 아이가 살아 있을 수 없을 것이라는 생각에 마음이 급해진 부모는 아이를 살리기 위해 신과 자연의 법칙에 도전할 생각을 합니다.

몰리를 살리기 위해서는 몰리와 유전자 타입이 같거나 혹은 아주 유사해서 골수 이식시 거부반응을 나타내지 않을 형제가 필요합니다. 젊고 건강한 그들 부부는 얼마든지 몰리에게 동생을 낳아줄 수 있습니다. 하지만, 태어난 아이가 팬코니 유전병에 대해서 정상이라는 보장은 없는데다가, 또한 그 아이가 몰리에게 골수를 기증해줄 만한 유전자 타입을 가지고 태어나리라는 보장은 더더군다나 없습니다. 그럼 병도 없고 몰리와 유전자 타입이 맞는 아기가 태어날 때까지 둘이고 셋이고 계속 낳아야 할까요? 하지만, 그들에겐 시간이 없습니다.

그래서 그들은 자신의 정자와 난자를 추출하여 시험관 속에서 수정시켰습니다. 그렇게 수정된 수정란들에서 DNA를 추출하여 몰리와 유전자 타입이 가장 비슷하고 팬코니 빈혈증에 걸리지 않은 정상적인 수정란을 골라냈지요. 그 수정란을 몰리 엄마의 자궁으로 돌려보내 태어난 아이가 바로 몰리가 키스하는 어린 동생 애덤입니다.[H]

물론 갓 태어난 애덤에게서 골수를 채취하지는 않습니다. 골수 속에는 조혈모 세포라고 불리는 혈액의 모든 세포(백혈구, 적혈구 등)로 분화될 수 있는 모세포가 존재하는데, 이 조혈모 세포는 성인에게서는 유일하게 골수에서만 존재하나, 갓 태어난 아기의 경우 태반에서도 발견됩니다. 그래서 이런 경우 골수 이식이 아니라 제대혈을 통한 조혈모 세포 이식이라는 말을 씁니다. 정확히 말하자면 몰리에겐 애덤이 아니라 애덤의 태반이 필요했던 거죠.

애덤은 그저 남들과 똑같은 아이일 뿐이지만, 그의 탄생은 신의 손에 맡겨지기 이전에, 인간의 손에 맡겨졌습니다. 이 사건은 유전자 질환을 치료하는 쾌거처럼 받아들여질 수도 있으나, 여러 가지 문제점들을 안고 있습니다. 애덤과 동시에 수정되었던 또 다른 애덤들은 어떻게 되었을지 생각해보셨습니까? 정상적인 애덤들은 혹시나 애덤의 부모가 또 다른 자식을 원할 때까지 액체질소 속에 냉동보관될지도 모릅니다. 하지만, 그렇지 못한 애덤들은? 몰리와 마찬가지로 팬코니 빈혈증을 유전자 속에 가진 애덤들은 실험실로 가지 않았을까요? 팬코니 빈혈증은 희귀한 유전질환이라서 생생한 생체 샘플을 보고 싶어하는 학자들이 부지기수일테니까.

몰리와 애덤은 한동안 수그러들었던 인간 유전자 탐구에 따라붙는 달콤한 어둠의 열매인 '적극적인 우생학'이 또다시 고개를 들고 있다는 것을 보여준 실례입니다. 유전자 탐구에 대한 연구가 궤도에 오르면서 '적극적인 우생학', 즉 태어날 아이의 유전자 구성을 미리 알아서 좋은 형질을 가진 아이만을 낳는다거나, 좀더 나아가 아이의 유전형질을 부모가 원하는 대로 바꿀 수 있는 '맞춤아기'의 탄생이 그리 멀지 않았다는 데 사람들은 의견을 같이 합니다.

사람들은 이 문제에 이중적으로 반응합니다. 유전자를 손본다는 사실 자체에는 꺼림칙해하면서도, 자신의 아이가 뛰어난 우성형질을 가지고 태어난다는 데에는 솔깃하니까요. 따라서, 자신이 남들보다 우월해야 한다는 인간의 본능적인 욕심이 사라지지 않는 한, 아무리 도덕적으로 안 된다느니, 윤리적인 문제라느니, 신에 대한 도전이니 하고 떠들어도, 인간은 유전자에 손을 대고 말 것임에 틀림

없습니다. 인간으로서 어찌 그런 짓을 할까, 신의 영역에 어찌 감히 인간이 도전을 할까, 하는 것은 피상적인 망상에 불과합니다. 인간은 알고서는, 더군다나 이익이 있다는 것을 알고서는 절대 그대로 내버려두지 않는 존재입니다. 어쩌면 인간이 유전자를 조작하는 것도 한 단계 나은 존재로 진화해가는 단계 중 하나일지도 모르니까요.

 관련 사이트

장기 이식센터 http://www.transplant.or.kr
국립장기 이식관리센터 http://www.konos.go.kr
몰리 이야기 http://www.cnn.com/2000/HEALTH/10/03/testube.brother
우생학 http://user.chollian.net/~cobar/reading/science/sc4.htm

6장 바이오테크놀러지

우선 자연을 따르라. 그리고 나서 자연을 정복하라.

-베이컨

가장 좋은 스승은 자연이라지요. 인간의 근원과 모든 생명체의 근간은 모두 자연에서 기인하기 때문이지요. 그 자연이 자신이 만들어낸 인간에게 자신의 능력을 조금 나누어주었나 봅니다. 이제 인간은 단순히 자연 그 자체를 이용하는 것을 벗어나 자연의 힘을 자기 것으로 끌어들여서 유전자를 조작할 수 있는 두 손과 머리를 발판삼아 좀더 적극적으로 자연을 이용할 줄 알게 되었습니다. 바이오테크놀러지. 그것은 자연이 인류에게 준 마지막 선물일지도 모릅니다.

비밀의 상자를 여는 판도라

판도라의 상자에는 무엇이 들었을까

프로메테우스가 하늘의 불을 훔쳐 인간에게 준 것에 진노한 제우스는 인간을 골탕먹일 생각을 하게 되었지. 그래서 탄생한 것이 최초의 여자인 판도라인데, 그는 이름은 '모든 선물' 이라는 뜻이지만, 사실 그녀는 인류에게 재앙을 주기 위해 만들어진 존재였어.

헤파이스토스가 진흙으로 판도라를 만들자, 아테나가 생명과 옷을 주었고, 아프로디테는 아름다움을 주었으며, 헤르메스는 교활하고 배신하는 성질을 주었어. 헤르메스가 판도라를 프로메테우스의 어리석은 동생 에피메테우스에게 주자, 그녀의 아름다움에 반한 에피메테우스는 신에게 받는 모든 선물을 의심하라는 형 프로메테우스의 말을 어기고 판도라를 아내로 맞아들였어.

신들은 판도라가 하늘에서 내려오기 전 단단히 봉한 상자를 선물로 주었어. 신들은 절대 열어보지 말라고 경고했지만, 그들은 이미 알고 있었어. 판도라의 어린애 같은 호기심이 결국 그 상자를 열게 할 것이라는 걸 말이야.

판도라가 상자를 열었을 때, 그 안에서는 질병, 시기, 미움, 교만, 질투, 분노, 탐욕 등 온갖 나쁜 것이 다 빠져나와서 인간을 괴롭히게 되었대. 하지만, 판도라의 상자 맨밑에는 희망이 남아 있어서, 고달픈 인류에게 커다란 위안이 되었지.

IT의 시대가 가고 BT의 시대가 온다…….

언젠가부터 유행처럼 들리는 말입니다. 마치 세계가 한때 전자공학에 의해서 움직였던 것처럼, 이제는 생명공학을 하지 않으면 선진산업의 대열에 끼지 못할 뿐 아니라, '시대에 뒤떨어진' 인상을 받을 정도니까요.

그래서인지, 대학에서도 생명과학과나 생명공학과 등의 이름들이 유행입니다. 사실 생물학과의 커리큘럼과 거의 다를 바가 없는데도(생물학과에서도 생명공학에 대해서 배우니까요) 그러한 세련된 이름에 수험생들은 관심을 가지기 마련이죠. 식품미생물공학과가 생명공학과로 바뀌고, 기존의 생물학과, 생화학과, 유전공학과 등을 통합한 생명과학부가 새로 생기고……. 뭐랄까, 너무 시류에 편승한 것이 아닌지 걱정스럽습니다만, 어쨌든 근 10여 년 동안 생물학의 인기가 상승한 건 사실입니다.

	생명공학
정의	생명현상이나 생물의 여러 가지 기능을 밝히고, 그 성과를 의료나 환경보존 등 인류복지에 응용하는 종합 과학.
연구 목표	① 생명현상과 생물의 다양한 해명 ② 자연환경의 해명 ③ 정신활동의 해명 ④ 건강유지와 의료의 향상 ⑤ 식량자원의 확보 ⑥ 생물 및 그 기능의 공업 면에서의 응용 ⑦ 인구 문제 해결
당면 목표	노화현상의 억제, 인공장기 등 의료기술에 관한 연구, 생체물질기능의 시뮬레이션과 응용, 사고과정의 해명과 그 정보처리 및 의료 면에서의 응용, 생물활성물질의 탐색 및 응용

그런데, 과연 생명공학이란 뭘까요?

위의 표에서 보는 것처럼 생명공학이란 일반적으로 생물학적 기술들을 산업에 응용해서 어떻게든 실생활에 도움이 되고 쓸모가 있도록 만드는 것입니다. 즉, 생물학, 혹은 생물을 이용하지만 결국은 공학이 되는 것입니다. 그렇다면 생물학과 공학의 접점 지대에 있는 것들은 과연 어떤 것일지. 해리가 샐리를 만났을 때는 티격태격 알콩달콩한 사랑이 피어났습니다만, 생물학이 전자공학을 만난다면 과연 무엇이 생겨날까요?

생물학이 전자공학에 응용된 것으로 DNA 칩(DNA chip)이 있습니다. IC 회로나 전자 칩은 들어봤어도 DNA 칩은 처음이라구요? DNA 칩은 두 가닥이 반드시 자기 짝과 만나 꼬여야 안정한 DNA의 성질을 이용해서 유전 질병을 진단하는 장치입니다. 유전 질병을 일으키는 변형된 DNA 한 가닥을 작은 칩 위에 빽빽히 붙인 뒤, 검사자의 몸에서 세포를 조금 채취해—피 몇 방울이면 충분합니다—그 안의 세포에서 DNA를 분리해 이 기판 위에 놓고 흔들어주는 것입니다. 그리고 잠시 기다렸다가, 달라붙지 않은 여분의 DNA는 툭툭 털고, 칩을 살핍니다. 만약 처음과 달리 칩에 두 가닥으로 안정적으로 꼬여서 붙어 있는 게 있다면, 그 DNA가 어떤 유전질환을 일으키는 것인지를 조사해 질병의 진단이 빠르고 손쉽게 끝날 수 있습니다.

이론적으로 DNA 칩은 현재 밝혀진 모든 유전질환의 여부를 환자의 단 한 방울의 피로 단시간에 알아낼 수 있는 획기적인 진단법입니다. 이와 비슷한 것으로 '단백질 칩(protein chip)'이 있는데, 이것 역시 똑같은 원리로 특정 유전 질환에서만 나타나는 독특한 단백질을 칩에 붙여서 환자의 피를 떨어뜨려 특정 단백질과 결합하면 형광색을 내도록 만든 것입니다.

좀더 자세히 얘기하자면, 우리가 라디오를 뜯으면 볼 수 있는 '전자회로적인' 칩을, DNA나 단백질을 이용해 만드는 것입니다. 예컨대, 색소의 일종인 박테리오로돕신(bacteriorhodopsin)을 이용하는 단백질 칩을 살펴봅시다. 보통 전자회로 칩(우리가 IC라고 부르는)은 수십 개에서 많게는 수백만 개의 트랜지스터로 구성됩니다. 이 트랜지스터의 역할은, 신호를 증폭하거나 ON/OFF의 스위치 기능을 해서 전기의 흐름을 이어주거나 차단하지요.

미생물에게 있는 박테리오로돕신이란 물질은 트랜지스터 대용으로 사용할 수 있습니다. 이 물질은 특정 파장의 빛을 받으면 마치 스위치처럼 분자 구조를 바꾸는 특성이 있어서, 이를 이용하면 스위치의 ON/OFF를 대신할 수 있답니다. 그러므로 이러한 성질은 실제로 전자회로 칩이나 기억 장치 등에 응용될 수 있는데, 그 크기와 에너지 효율은 실리콘 칩과 비교가 안 될 정도로 뛰어납니다.

이런 단백질 칩은 이제 단순한 유전 질환을 진단하는 것 외에도 쓸모있는 곳이 많습니다. 그 중 하나가 생명체를 모방한 생체기계를 만들 때지요. 전자 회로와 전선을 이용해 기계를 만들 수 있다면, 단백질 칩으로도 기계를 만들 수 있겠죠? 그렇다면 어떤 부분에 이용할 수 있을지 알아보죠.

기존의 기계들은 구리나 은, 혹은 정밀한 부분에서는 금 등의 금속 전선을 사용했죠. 하지만 금속은 굵기를 가늘게 하는 데 한계가 있습니다. 가장 정밀한 CPU에서도 0.1미크론(1만분의 1mm) 이하로의 공정은 어렵지요. 단백질을 칩으로 이용하면서 여기에도 생물공학적인 재료를 이용할 수는 없을까요? 네, 가능합니다. 가늘고, 튼튼하며 충분히 길고, 또한 접점의 제어가 쉬운 재료가 무궁무진하게 널려 있는 걸요. 바로 DNA죠.

DNA의 굵기는 30nm(nm=1백만분의 1mm)가 안 되지만 매우 길고 튼튼합니다. 특정 염기서열을 이용하면 원하는 곳에 착 달라붙게 할 수도 있지요. 최근까지 DNA를 이용한 전선의 실험은, DNA를 뼈

인터넷 시대의 판도라 상자

대로 하여 거기에 얇은 금속의 코팅을 입혀서 전선으로 만든 것이었습니다. 이것은 매우 가늘고 튼튼한 전선인 셈이지요. 이 방법이 칩의 소형화를 더욱 가속시킬지도 모릅니다.

하지만, 이 방법은 DNA라는 뼈대를 사용할 뿐, 생리적인 활성은 완전히 겉을 코팅해버리므로 전혀 기대할 수 없겠지요. 하지만 최근에는 생리적인 활성을 그대로 가지고 있으면서도 전기전도를 할 수 있는 DNA 전선도 연구중입니다. 이른바 M-DNA라고 불리는 이 새로운 소재는, DNA의 내부에 금속 이온을 포함시켜 그 안쪽으로 전자의 흐름을 통과시키는 방법이죠. 이러한 M-DNA는 히스톤과 결합하는 등 DNA의 활성을 간직하면서도 전선의 역할을 하므로, 매우 새로운 방향으로의 연구를 전개시킬 수 있는 가능성을 보이고 있습니다.

이 밖에도 생체 물질을 이용한 것 중 생명체의 효소를 이용한 바이오 센서들이 등장하고 있습니다. 기존의 공학적 센서보다도 수천 배나 민감하면서도 작고, 고효율인 센서를, 효소를 이용하여 만들 수 있기 때문입니다. 소리가 들리지 않는 사람을 위해서 마이크로폰을 이용한 인공 내이(內耳)가 개발되어, 환자의 청신경으로 직접 전기신호를 보내 소리를 듣게 하기도 합니다. 맹인을 위한 인공 망막이 개발되고 있고, 돌고래의 피부를 연구하여 물의 저항을 가장 적게 받는 수영복을 만들었습니다.

최근에 주목받고 있는 한 한국계 과학자는, 마치 미생물들이 군체(群體)를 이루듯, 스스로 합체하고 떨어지며 모양을 변형시켜 나가는 로봇을 개발하였습니다. 그리고 인간의 신경세포의 행동을 그대로 흉내낸 인공 뉴런을 이용한 인공 지능의 연구도 활발하지요. 심지어 살아 있는 군소(바다달팽이)의 신경세포를 이용해 직접 회로를 꾸미는 일도 연구되고 있습니다. 이러한 연구들은 너무나 방대하고 흥미로워서, 일일이 나열하기도 힘들 정도지요.

때로는 생물학이 이제 유기물의 한계를 넘어 무기물의 세계에까지 자신의 영역을 넓히려는 것이 아닌가 하는 생각이 들 때가 있습니다. 유전자의 존속 욕구는 이제 자신이 만들어낸 최후의 생물인 인간을 통해서 다른 방식의 진화의 길로 접어들기 시작했는지도 모릅니다. 비록 모양은 변할지언정 유전자는 그렇게 최후까지 살아남을지도 모릅니다.

 관련 사이트

바이오테크놀러지 http://www.nal.usda.gov/bic

DNA 칩 http://www.genomics.pe.kr/microarray.htm

단백질 칩 http://biozine.kribb.re.kr/biozin/r&d2000-12-1.htm

피그말리온의 소원으로 인간이 된 갈라테이아

    피그말리온은 유명한 조각가였는데, 세상 여인들이 그다지 완벽하지 못한 것을 개탄하고, 상아로 아름다운 여인상을 만들었어. 그 상아 처녀가 얼마나 아름답고 섬세했던지, 어떤 살아 있는 여인도 그 자태를 따라갈 수 없었대. 자신이 만든 상아 처녀를 넋놓고 바라보던 피그말리온은 결국 그녀와 사랑에 빠지게 되었고, 차가운 그녀에게 갈라테이아란 이름까지 붙여주었지.

    아프로디테의 제전이 열리던 날, 피그말리온은 사랑을 이뤄주는 아름다운 여신에게 머뭇거리며 이렇게 기도했지.

    "여신이시여, 원컨대 저에게 제 상아 처녀와 같은 여인을 아내로 점지하여 주십시오."

    제전에 참석했던 아프로디테는 그가 말하려고 한 참뜻을 알아챘어. 그리고 그의 소원을 들어주겠다는 표시로 제단에서 타오르고 있는 불꽃을 세 번 공중에 세차게 오르게 했어.

    기뻐서 집으로 돌아가자마자 피그말리온은 그의 조각을 보러 갔어. 그랬더니 딱딱하고 차가운 상아 처녀의 피부에 온기가 돌고 부드러워진 게 아니겠어? 피그말리온은 기뻐하면서도, 한편으로는 어떤 과오가 아닐까 근심하면서 사랑하는 사람의 열정을 가지고 여러 번 그의 희망의 대상에 손을 갖다댔대. 그것은 정말 살아 있었어!

272

동서고금을 막론하고 생명은, 특히 인간의 생명은 그 무엇과도 바꿀 수 없는 고귀한 것으로 여겨져왔습니다. 그래서 사람이 사람을 죽이는 행위는 범죄 중에서도 가장 심각한 것으로 취급되었죠.

1. 누군가가 당신의 손에 망치를 쥐어줍니다.

– 저 기계가 망가졌어. 이젠 쓸모없어서 버리려고 하네. 그런데 저걸 버리려면 잘게 부숴야 한다는구만. 나 대신 자네가 좀 부쉬주겠나?

2. 누군가 당신의 손에 망치를 쥐어줍니다.

– 저 개가 너무 늙어서 이젠 짐만 돼. 버려야 하는데 산채로는 안 되겠네. 죽여서 토막을 내야 할텐데……, 나 대신 자네가 좀 죽여주겠나?

만약 이런 제안을 받는다면 당신은 어떻게 하시겠습니까?

첫 번째 요청은 그리 이상하게 여겨지질 않지만, 두 번째 요청은 엽기적이기까지 합니다. 두 상황의 기본적인 골격은 '이제는 더 이상 쓸모없어진 것을 부피가 짐이 되지 않도록 잘게 부수어서 버린다' 라는 것인데 말이죠. 그런데도 첫 번째는 기꺼이 해줄 수 있는 일로 받아들여지지만, 두 번째는 어쩐지 꺼려집니다. 왜 그럴까요?

두 번째 요청에는 바로 '생명' 이라는 문제가 걸려 있기 때문입니다. 그렇다면, 이런 건 어떨까요?

'나' 는 어느 날, 기계를 부숴달라는 요청을 받습니다. 그러나, 작은 강아지만한 그 기계는 '반응할 줄 아는' 물체였죠. 내가 망치를 들고 쫓아가면 그 기계는 날카로운 소리와 함께 불안과 공포를 표현하는 붉은빛 램프를 깜박이며 도망가고, 망치를 버리고 손을 내밀어 붙잡으면 부드러운 가르릉 소리를 내며 편안한 빛의 초록색 불이 켜지면서 나를 환영하는 듯합니다. 뿐만 아니라 기계는 부드럽게 따뜻해지며, 인간에게 나름대로의 친밀감을 표시합니다. '나' 는 갈등합니다. 그러나 결국에는 '단지 기계일 뿐인데, 뭐' 라는 생각을 하고 마음을 고쳐먹습니다. 이런 기계 하나 부수지 못하는 여린 남자로 생각되긴 싫으니까요. 나는 기계를 잡아서 망치로 내리칩니다. 이런! 손이 떨렸는지 기계를 정통으로 맞히지 못하고, 한쪽 귀퉁이만을 부수었을 뿐입니다. 그러자, 기계는 마치 어린아이가 애처롭게 우는 듯한 소리를 내며 피처럼 붉은 윤활유를 줄줄 흘리면서 도망가려는 시늉을 합니다. 순간, 나는 멈칫하고 내게 망치를 쥐어준 사람을 돌아봅

로봇 데이비드는 양부모에게서 버림받고 인간이 되려고 애를 쓴다.

니다.

'왜 이걸 부숴야 하죠? 이쯤에서 끝내는 게……'

그때 그가 망치를 집어들어 망설임 없이 기계를 내려칩니다. 상황 끝.

기계는 완전히 부수어졌고, 이제는 의미 없는 금속 조각과 나사 못만이 뒹굴고 있습니다. 지금껏 내가 느꼈던 '살생(殺生)'에 대한 죄책감을 비웃기라도 하는 듯.

─〈동물 마크-3의 영혼〉 중에서

앞의 이야기는 대니얼 데닛과 더글러스 호프스태터의 『이런, 이게 바로 나야!』라는 책에 등장하는 단편 〈동물 마크-3의 영혼〉의 줄거리입니다.

작년에 개봉한 영화 〈A.I.〉는 양부모에게서 버림받고 인간이 되기 위해 몸부림치는 어린 로봇 데이비드의 이야기입니다. 'He has brown hair, he has blue eyes. His love is real, but he is not real.' 이라는 광고 카피가 진한 여운을 주는 이 영화에서 우리는 사람보다 더 사람 같은 로봇을 볼 수 있었습니다.

우리는 여기서 질문을 던질 수 있습니다. 지능을 가지고, 사랑을 갈구하도록 만들어진 이 로봇은 과연 '살아 있는' 걸까요? 만약 산 것이 아니라면, 사랑하고 싶어하고 사랑받고 싶어하는 그 로봇의 모든 행동은 그저 좀 잘 만들어진 컴퓨터 수준에 불과한 것일까요? 반대로 그 존재가 살아 있는 것이라면, 왜 로봇은 그토록 인간이 되고 싶어하는 걸까요?[H]

제가 이토록 여러 가지 이야기들을 늘어놓은 이유는 바로 우리가 쉽게 생각하는 '생명' 이라는 개념이 과연 어디까지인지 생각해볼 필요가 있기 때문입니다. 우리는 지금껏

인간이 되고 싶어하는 피조물의 이야기는 〈피노키오〉와 안데르센의 〈인어공주〉, 〈바이센테니얼맨〉의 앤드류, 〈A.I.〉의 데이비드에 이르게 됩니다. 이들은 오히려 사람보다 더 뛰어난 능력을 갖고 있습니다. 인간보다 더 오래, 더 젊게, 더 혹독한 환경에서도 더 잘 살 수 있는데도 이들은 인간이 되고자 합니다. 왜냐구요? 인간이 아닌 피조물들이 생명체, 특히 인간이 되고 싶어하는 이유는 기독교의 영향이라고 알려져 있습니다. 기독교적 가치관에 따르면, 영원불멸하기 위해서는 '영혼' 이 존재해야 하고, 세상에서 오래 사는 것은 결국에는 끝이 나기 때문에 아무런 의미가 없고, 인간의 영혼을 가져야만 불멸할 수 있다고 생각하기 때문에 이런 피조물들은 자신의 영속성을 위해 끊임없이, 간절히 인간이 되기를 갈망한다고 합니다.

> 살아 있는 것 = 생물 = 귀하고 소중한 것
>
> 對 '살아 있지 않은 것 = 무생물 = 가치가 덜한 것'

이라는 공식에 아주 익숙한 편입니다. 생명은 귀중히 여겨야 한다고 배웠고, 살아 있는 것은 그렇지 않은 것에 대해 우월한 가치를 지닌다고 생각해왔죠. 그중에서도 인간의 생명은 가장 우선하는 가치라고 배웠습니다.

그러나 그 개념이 틀린 것이 아니라고 생각한다면, 먼저 '생명'의 범위부터 다시 규정지어야 하는 필요성이 생깁니다. 시간이 갈수록 어떤 게 진짜 살아 있는 것이고, 어떤 게 진짜 살아 있지 않은지를 구별하는 것이 점점 더 어려워지고 있거든요. 오시이 마모루의 〈공각기동대〉의 주인공 구사나기는 뇌를 제외한 온몸이 기계로 대체된 사이보그입니다. 구사나기는 시간만 나면 홀로 호수 속으로 들어갑니다. 기계인 몸은 무거워서 한없이 가라앉고 자칫 물이 스며들어 고장이 나면 다시는 떠오르지 못할 위험을 감수하면서도 구사나기는 그렇게 물 속 깊은 곳으로 침전합니다. 과연 나는 진짜 살아 있는 인간인지, 사실 몸의 다른 부분들처럼 뇌 역시 기억을 이식한 컴퓨터 칩으로 바뀌었는데 자신만 모르는 것은 아닌지, 그렇다면 기계인 내가 왜 실존과 고독의 근원을 고민하는지를 자신에게 끊임없이 반문하면서 말이죠.

그 장면을 보면서 저는 구사나기가 겪고 있는 가치관의 혼란이 생물과 무생물을 가르는 기존의 기준이 더 이상 들어맞지 않는 세계에 살고 있기 때문이 아닐까 하는 생각을 했습니다. 우리는 지금껏 탄소 화합물로 이루어져 있고, 탄생과 성장과 죽음을 거치며, 생식을 통해 후손을 남기고, 대사 활동을 하는 것들만을 생명이라고 불러왔습니다.

시대가 변하면 가치관과 기준이 변화하듯이 혹시 기존에 만들어 놓았던 생명이란 개념이 시간의 흐름에 따라 구식의 것이 되어버려 이젠 기존의 개념에 '실리콘과 금속 원소로 결합되어 있으면서도 자신의 존재를 스스로 인식하는 기계'라는 내용을 추가해야 하는 것은 아닐까요? 즉, 아직은 요원하긴 하지만, 생명체를 닮은 로봇이, 더 나아가 인간과 똑같이 생각하고 말하고 존재를 인식하는 로봇이 태어난다면 그 로봇 역시 생명의 범주에 넣어야 하는 게 아닐까, 하는 생각말입니다.

관련 사이트

영화 〈A. I〉 http://aimovie.warnerbros.com

인공 생명 http://news.alife.org

인공 지능

　http://www.thinkquest.org/library/lib/site_sum_outside.html?tname=2705&url=2705/basics.html

 참고도서

『이런, 이게 바로 나야! 1,2』, 더글러스 호프스태터 지음(사이언스북스)

제자를 가르치는 케이론, 그는 능력을
인정받아 사후에 별자리가 되었다.

반인반마 켄타우로스

고대 그리스 사람들은 말을 대단히 친근한 동물로 여겼단다. 그래서 그들은 상반신은 인간
이고, 하반신은 말의 몸뚱이와 다리를 가진 켄타우로스라는 종족과 친하게 어울렸지.

이 특이하게 생긴 종족은 기원 역시 특이해. 테살리아의 왕 익시온이 감히 제우스의 아내
헤라에게 음흉한 마음을 품자, 이를 시험하기 위해 제우스는 구름으로 헤라를 닮은 형상을 만
들어 익시온에게 보냈지. 이 구름 형상인 네펠레를 진짜 헤라인 줄 알고 달려든 익시온이 흘린
정액을 흡수한 네펠레의 몸에서 반인반마 켄타우로스가 태어났다고 해. 음흉한 마음을 먹은 사
람의 자식으로 태어나서인지 켄타우로스들은 난폭한 호색꾼이 많았다지.

그중 예외인 케이론은 의학, 수렵 등에 두루 능통하며, 아킬레우스와 이아손을 제자로 거
느렸고, 그 우수함과 공정함을 인정받아 사후에는 별자리가 되었지. 그게 바로 사수자리야.

미국 미주리대학과 바이오벤처 이머지 바이오 세러퓨틱스 연구진은 미국 과학전문지《사이언스》최신호에서 인체에 이식됐을 때 거부반응을 일으키는 유전자가 제거된 복제 돼지 네 마리가 건강하게 태어났다고 밝혔다.

《조선일보/IT》 (2002년 1월 4일)

위 기사에서 언급한 복제 돼지는 생체 복제 기술을 응용해서 사람에게 거부반응을 일으키는 물질을 제거한 것입니다. 그럼 체세포 복제 방법을 간단히 설명해보겠습니다.

1. 신체 중에서 세포 하나를 떼어낸다.
2. 조심스럽게 세포에서 핵을 분리한다.
3. 건강하고 튼실한 난자를 준비해서 난자의 핵을 빼낸다.
4. 아까 준비한 체세포의 핵을, 핵을 빼낸 난자에 집어넣는다(인

공 핵치환).

5. 이렇게 만들어진 배아를 대리모의 자궁에 주입한다.

6. 착상이 되어 출산 때까지 무사히 버티면 성공!

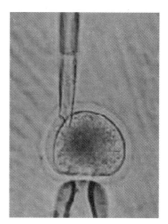

핵치환

지난 1998년에 세상을 떠들썩하게 한 복제양 돌리 역시 이런 과정을 통해서 태어났습니다. 이 과정은 앞에서 언급한 대로만 한다면 간단하고 쉬울 것 같은데, 꽤나 복잡하고 알 수 없는 과정이 많아서 성공율이 매우 낮은 것이 흠입니다. 돌리 역시 196번의 실패 후에 태어났다죠.

이번에 태어난 복제 돼지는 임신중 유산된 돼지 태아에게서 몇 개의 세포를 떼어내 돼지의 난자 속에 집어넣어 죽은 돼지와 유전자형이 같은 복제 돼지를 만든 것은 위의 기본 원리에서 벗어나지 않지만, 이 돼지들이 특별한 것은 체세포 핵을 난자에 집어넣기 전에 손질을 좀 했다는 데 있답니다.

현대의학은 놀라운 속도로 발전해서 신체의 장기에 이상이 생기면 건강한 다른 장기로 바꿔주는 시대까지 왔는데, 성공율도 꽤 높아서 신장 이식의 경우에는 기대 수명을 20년 이상 늘려줄 수 있을 정도입니다. 그러나 이렇게 장기 이식기술은 매우 발달했지만, 그 혜택을 받는 사람은 아주 적습니다. 일단, 생체 내에서 꼭 필요한 장기는 하나(심장, 간 등)인 경우가 많고, 받고 싶어하는 사람은 많은데

줄 수 있는 사람은 적어서 늘 공급이 달리는 상태입니다.

꿩 대신 닭이라고 인간의 것이 부족하면 그와 비슷한 동물의 장기라도 이식할 수 있으면 좋으련만, 이럴 경우 심각한 거부반응이 문제입니다. 우리 몸의 면역 시스템은 거의 대부분의 외부 물질을 일단 '적'으로 인식하고 덤벼들기 때문에, 동물의 장기를 이식했다가는 심각한 거부반응으로 아예 생착조차 못할 뿐더러 이식받은 사람의 목숨까지 위험해지고 맙니다.

그렇다면 남은 것은? 장기 이식용 사람을 병원에서 만들어낼 수는 없는 일이니 인공 장기를 개발하거나 동물 장기의 거부 반응을 줄이는 수밖에 없죠.

위에서 언급한 복제 돼지는 이러한 착상에 의거해 태어났습니다. 그 전에도 동물의 장기를 인간에게 이식하려는 시도는 여러 번 있었습니다. 의학의 발전을 위해 기꺼이 자신의 몸을 실험 대상으로 내준 불치병 환자들의 용기와 학자들의 호기심이 곁들여져 인간과 가장 가까운 침팬지의 심장을 환자에게 이식하는 수술이 행해졌지만, 이식을 받은 지 일주일 만에 환자는 숨지고 말았습니다.

동물의 장기가 생존을 못하는 것을 면역 거부 반응으로 보고, 의사들은 에이즈 환자에게 침팬지 장기를 이식하는 수술을 한 적이 있었습니다. 에이즈 환자의 경우, 면역계가 거의 파괴되었기 때문에 거부 반응이 일어나지 않을 것이라는 생각에서였죠. 이 환자는 결국 다른 합병증으로 사망했지만, 이런 과정을 통해서 의사들은 몇 가지를 알아냈습니다.

일단 체내에 들어온 외부 장기는 급성과 만성의 2단계의 면역 거부 반응을 거칩니다. 특히 문제가 되는 것은 급성 거부 반응인데, 이 경우 온몸의 면역세포들이 일시에 전투에 돌입하여 이식된 장기를 무자비하게 공격하여 장기가 생착되지 못하며, 이 과정에서 쇼크가 일어나 환자가 사망할 수도 있습니다. 과연 우

리 몸의 면역 세포들은 이 장기가 외부에서 들어온 것인지 어떻게 알고 재빠르게 대응하는 걸까요? 도대체 세포에 이름표라도 붙어 있어서 아군과 적군을 구별하는 걸까요?

답은 '그렇다' 입니다. 세포에는 진짜로 이름표가 있습니다. 사람의 것처럼 종이나 아크릴을 깎아 만든 명찰이 아니라, 당(glucose) 성분으로 된 이름표가 붙어 있습니다. 어두운 굴 속에 사는 개미들이 서로를 냄새로 구별하듯이 우리 몸의 세포들은 세포 표면에 특정한 구조의 당성분을 통해(이렇게 단백질에 당을 붙이는 것을 당화[糖化, glycosylation]라고 해요) 서로를 구별합니다.

돼지의 장기를 인간에게 이식할 수 없는 가장 큰 이유는 돼지의

뭐, 판교에 극장이 많다고?

저팔계가 스승님 때문에 걱정이 많은가 보지?

세포에는 '나는 돼지'임을 알려주는 듯한 당 성분(a-1,3-galactose, 알파-1,3-갈락토오스) 때문입니다. 우리 몸의 면역 세포들은 이 당에 매우 민감하여 이게 감지되었다 싶으면, 순식간에 대군을 편성하여 총공격에 들어갑니다.

이번에 태어난 복제 돼지는 체세포 핵에서 이 알파-1,3-갈락토오스를 만드는 효소인 알파-1,3-갈락토실트랜스퍼레이즈(a-1,3-galactosyltransferase)를 만드는 유전자(GGTA1)를 제거한 것입니다. 아예 유전자상에서 GGTA1를 없앴으니, 알파-1,3-갈락토실트랜스퍼레이즈가 안 만들어질 것이고, 따라서 알파-1,3-갈락토오스가 세포 표면에 붙지 않으므로 '돼지' 이름표를 달지 않은 돼지 세포가 만들어져서, 급성 면역 거부반응은 피해갈 수 있는 셈이지요.

이번 실험의 성공은 돼지에게 반드시 존재하는 유전자를 제거하고도 건강한 새끼 돼지가 쑥쑥 태어남으로써, 돼지 장기를 이용한 인간 장기 공급 가능성에 새 장을 열었다는 데 있지만, 아직은 초기 단계이므로 많은 문제가 남아 있습니다. 숫자가 적기는 하지만, 돼

건강한 복제 새끼 돼지가 쑥쑥 태어남으로써, 돼지 장기를 이용한 인간 장기 공급
가능성에 새 장을 열었다

지 세포에는 인간과 다른 종류의 당성분 표지가 몇 개 더 있어서 지속적인 거부 반응을 일으킬 위험이 있기 때문에 환자는 계속해서 면역 억제제를 먹어야 합니다. 물론 사람의 장기를 이식받은 환자도 거부반응을 억제하기 위해 평생 동안 면역 억제제를 먹어야 합니다. 이것 때문에 저항력이 떨어져서 다른 감염성 질환에 걸릴 위험을 평생 안고서도 어쩔 수 없이 먹어야 합니다. 그로 인한 2차 감염의 위험 정도를 알 수 없다는 것이 문제죠. 또한 돼지의 장기를 인간에게 이식하는 과정에서 돼지에게만 있는 레트로바이러스가 인간에게 감염될 위험이 있습니다. 아직까지는 어떤 해로운 작용을 한다는 보고는 없지만 조심해서 나쁠 건 없으니까요.

이 아기 돼지의 탄생은 시작에 불과합니다. 연구가 순조롭게 진행된다면, 장기 이식을 기다리는 수많은 불치병 환자들에게는 이보다 더 좋은 일이 없을테니까요.

P. S. 참, 인간과 좀더 닮은 침팬지나 원숭이가 아니라 왜 하필 돼지냐구요? 사실 원숭이는 인간에 비해 장기가 작아서 이식 대상이 되기 힘듭니다. 돼지는 일단 장기의 크기가 인간의 것과 가장 비슷하며, 인간과 유전적 일치도도 비교적 높은 편입니다. 게다가 아무거나 먹어도 잘 크고, 새끼도 한 배에 열두어 마리씩 잘도 낳습니다. 어느 모로 보나 이만한 동물이 없거든요.

 관련 사이트

복제 돼지 http://bric.postech.ac.kr/bbs/daily/krnews/200201_1/20020103_8.html

PPL 세러퓨틱스 http://www.ppl-therapeutics.com

로슬린 연구소 http://www.roslin.ac.uk

복제 인간 찬성 클로나이드사 http://www.clonaid.co.kr 또는

http://www.clonide.com

헤라의 젖을 빠는 아기 헤라클레스.
헤라가 뿌리치는 덕에 하늘로 튄 젖줄기는
우유의 강, 즉 은하수가 되었다.

불로장생의 묘약, 헤라의 젖

제우스는 알크메네와의 사이에 태어난 아들 헤라클레스를 안고 하늘로 올라갔어. 제우스는 이 작고 사랑스런 아이가 대신(大神)의 아들이면서도 인간의 어머니에게서 태어났기에 운명 지워진 죽음의 고통을 겪게 하고 싶지 않았어.

그는 아내인 헤라에게 미리 수면제를 먹이고 조용히 다가갔지. 헤라의 젖을 먹으면 인간의 아이라도 영원한 생명을 얻을 수 있었거든. 그러나 다른 여자들이 낳은 제우스의 아이들을 눈엣가시처럼 미워하는 헤라가 젖을 줄 리가 없어 몰래 손을 써두었지.

아기 헤라클레스가 무사히 헤라의 젖을 빨기는 했는데, 빠는 힘이 어찌나 셌던지 헤라 여신은 그만 잠에서 깨고 말았어. 그러고는 놀라서 힘차게 젖을 빨고 있는 아기를 밀어내버렸어.

그런데 아기가 얼마나 젖을 세게 빨았는지 젖줄기가 하늘로 솟구쳐서 밤하늘에 하얀 강이 생겼어. 봐, 지금도 보이지? 저 은하수가 바로 헤라가 흘린 젖이야.

형질 전환 동물

밤하늘의 은하수를 본 적이 있겠죠? 그리스 사람들은 이 은하수가 헤라가 흘린 젖이라고 생각했다고 합니다. 헤라의 젖을 먹으면 영원한 삶을 약속받을 수 있다니 저 하늘 가득히 흐르고 있는 은하수의 가치는 얼마나 될까요?

지난 1999년, 한 동물 실험실에서 새끼 돼지 한 마리가 태어났습니다. '새롬이'라는 예쁜 이름을 가진 이 아기 수돼지는 한동안 생물학계의 핫이슈가 되었고, 여전히 사람들은 그때의 충격을 기억하며 새롬이가 앞으로 어떻게 자라날지에 대해 관심을 가집니다. 아니, 돼지 한 마리가 뭐가 그리 대단해서 내로라하는 과학자들의 관심을 한몸에 받는 걸까요? 겉보기에는 여느 돼지와 비슷해 보이지만, 새롬이가 창출해낼 수 있는 엄청난 부가가치는 은하수에 견줄 만하기 때문이죠.

새롬이는 인간의 EPO(erythropoietine, 인간의 신장에서 만들어지는 조혈 촉진제로 적혈구의 생성을 촉진하여 빈혈 치료제로 널리 사용되는 물질)라는 물질의 유전자를 돼지의 염색체 속에 끼워넣어서 태어난 형질 전환 동물입니다. 형질 전환(形質轉換, transformation)[H]이란 한 개체의 염색체 속에 다른 개체의 유전자가 들어가는 현상을 가리킵니다. 이 현상은 자연계에서도 종종 일어나고, 실험실에서 인위적으로 만들기도 합니다. 왜 이렇게 하느냐구요? 생체에서만 생산되는 여러 가지 물질을 좀더 신속하고 편리하게 얻을 수 있기 때문이죠. 예를 들어볼까요?

이 현상은 1928년 그리피스(Fred Griffith, 1877~1941)가 처음 발견했으며, 폐렴쌍구균을 통해 이것을 증명했습니다. 폐렴을 일으키는 원인인 폐렴쌍구균은 S형과 R형이 있는데, 이중에서 S형 세균은 독성이 강해서 쥐에 주입하면 폐렴을 일으킬 수 있지만, R형은 비독성 세균으로 쥐에 주사해도 쥐는 폐렴에 걸리지 않습니다. 그런데 재미있는 것은 독성 S형 세균을 가열해서 죽인 후(죽었으니 이것을 주사해봤자 병을 일으키지 못합니다) 살아 있는 R형(비독성)과 함께 쥐에 주입했더니 그 쥐가 폐렴에 걸린 것이었습니다. 이상해서 쥐의 혈액을 검사해보니 그 속에서 살아 있는 S형 세균이 발견되었습니다. 어떻게 이런 일이? R형이 쥐의 몸 속에서 S형으로 바뀐 걸까요? 그리피스는 여기서 비록 S형 세균은 죽었지만, 그 속에 존재하는 어떤 물질이 살아 있는 R형 세균 속에 들어가 R형의 특성을 S형으로 전환시켰기 때문이라고 해석했습니다. 그리피스의 예상은 맞아떨어져서 나중에 S형 세균에서 R형 세균으로 들어가 특성을 변화시킨 물질은 DNA라는 사실을 최초로 알아냈답니다. 이처럼 외부에서 DNA가 유입되어 원래 세포가 가지고 있던 성질이 아닌 것을 발현할 수 있게 되는 것을 형질 전환이라고 한답니다.

지금으로부터 30년 전만 해도 당뇨병은 부자들만 치료할 수 있는 병이었습니다. 왜냐하면 당시에는 당뇨병 치료제에 쓰이는 인슐린을 합성할 수가 없어서 인간의 인슐린과 비슷한 구조를 가진 소나 돼지를 잡아서 췌장에서 인슐린을 뽑아 사용할 수밖에 없었는데, 몇백 kg이나 나가는 소 한 마리를 잡아봤자 인슐린은 며칠 쓸 수 있는 분량만을 추출할 수 있었거든요. 하지만, 당뇨병 환자들에게 인슐린은 매일 매일 먹어야 하는 밥과 같은 것인데, 이래서야 제대로 인슐린값을 대기가 무척 힘들었을 겁니다.

1978년은 당뇨병 환자들에게는 기적의 해였습니다. 드디어 값싸고 질 좋은 인슐린의 대량 생산 기술이 발명됨으로써, 당뇨 환자들이 더 오랫동안 건강하게 살아갈 수 있게 되었으니까요. 인슐린의 유전자를 대장균에 집어넣어서 대장균이 인슐린을 생산하도록 만들었던 거죠. 예를 들어, 인슐린 1kg을 돼지에서 뽑으려면 돼지 1만 마리분의 췌장이 필요하지만, 대장균은 커다란 플라스크에 배지만 부어주면 됩니다. 비용은 몇백 원 수준이고, 대장균은 20분에 한 번씩 분열하니까 배지 속의 대장균은 하룻밤만 지나면 인슐린을 가득 만들어놓을테니까요.

형질 전환의 엄청난 유용성과 시장성이 속속 증명되면서 사람들은 인슐린 이외의 물질도 형질 전환 기술을 통해 생산해내는 일에 몰두하기 시작했죠. 이제 과학자들은 질과 기능이 더 우수한 단백질을 인간과 가장 비슷한 환경에서 만들어내려는 시도^(H)를 하기 시작했죠. 대개의 경우 돼지나 양, 염소 등의 포유동물을 이용해 이 동물의 젖을 통해 유입된 물질이 배출되도록 형질 전환시키는 방법을 사용합니다.

위에서 언급한 새롬이는 인간의 EPO의 유전자가 도입된 형질 전환 동물입니다. 만들기가 까다로워 1g

> 대장균을 비롯한 세균들과 사람의 세포는 구조가 많이 달라서 유전자에 따라 형질 전환이 되지 않는 경우도 많습니다. 그래서 사람들은 이제 인간과 비슷한 동물에 직접 인간 유전자를 삽입하여 원하는 물질을 얻게 하려는 시도를 하고 있습니다.

3번 경주는
2번 말, 4번은……

가장 유용한 동물

에 67만 달러(한화 약 8억 원)의 어마어마한 가격을 자랑하는 고부가
가치 생산물입니다. 만약 형질 전환 돼지의 젖에서 인간의 EPO가
나온다면? 황금의 젖이 나오는 돼지가 되는 것이죠.

참고!!! 위에서 언급한 새롬이는 수컷입니다. 따라서, 원하는
EPO를 얻기 위해서는 새롬이를 종돈(種豚, 씨돼지)으로 암돼지와
교배시켜 그중에서 EPO 유전자가 유전된 새끼 암돼지를 찾는 것입
니다. 그리고 이 암돼지를 잘 키워서 다시 새끼를 낳게 하면, 그때는
비로소 황금의 젖을 얻을 수 있습니다. 새롬이의 정액은 조심스럽게
운반되어 수정되었는데, 지난 2000년 드디어 새롬이의 EPO 유전자
를 물려받은 새끼 암돼지 5마리가 태어나 현재 무럭무럭 자라고 있
습니다.

이렇게 형질 전환된 동물은 그 한 마리가 가히 상상할 수 없을 만큼의 고부가가치를 창출합니다. 현재 새롬이 외에도 백혈병에 쓰이는 G-CSF를 내는 흑염소 메디, 항응혈제나 항암제인 인터페론 (interferon)을 생산하는 암소 등이 새롬이와 나란히 '황금유(黃金乳)' 종족을 이루어 귀한 대접을 받고 있습니다.

그러나, 이런 형질 전환 동물을 만드는 것이 결코 쉬운 일이 아닙니다. 일단 외부에서 유전자를 도입하는 과정, 또한 원래 세포의 유전자에는 영향을 주지 않으면서도 외부에서 집어넣은 유전자를 정상적으로 발현시키는 것, 그것을 제대로 대리모의 자궁에 착상시켜 새끼를 낳는 것도 굉장히 힘든 일이거든요. 그래서 이런저런 난관을 뚫고 성공적인 형질 전환 동물이 제대로 태어나는 비율은 겨우 0.1~2% 정도입니다. 이렇게 고생해서 간신히 태어난 형질 전환 동물 한 마리는 그야말로 '귀하신 몸'입니다. 이런 경우, 이 동물이 죽는다는 것은 수십억, 아니 수천억에 달하는 생산 가능성이 고스란히 날아가는 것과 같기에, 이 동물을 그대로 복제하고 싶다는 생각이 아니 들 수 없습니다. 따라서, 형질 전환 동물에는 개체 복제가 꼭 실과 바늘처럼 따라다니는 것이죠.

 관련 사이트

EPO 함유, 새롬이 http://dric.sookmyung.ac.kr/~news/WSN/n990527_2.htm
형질 전환 동물 http://yckim.chungbuk.ac.kr/biochem/2001/20902.html
대장균을 이용한 인슐린 합성 http://members.ozemail.com.au/~ilanit/dna.htm

다이달로스는 뛰어난 장인(匠人)이었으나,
조카인 페르딕스를 질투하여
그를 죽이려고 시도한다.

미노타우로스를 가둔 미궁을 만든 뛰어난 장인 다이달로스에게는 누이가 한 명 있었어. 이 누이는 오빠의 훌륭한 재능을 존경하여, 자신의 열두 살 난 총명한 아들을 맡겨 가르침을 부탁했지.

페르딕스란 이름의 이 아이는 천재였어. 페르딕스는 다이달로스에게 오자마자, 길이가 똑같은 두 쇠막대기의 한쪽을 고정시켜 이를 접었다 폈다 할 수 있게 만들고, 막대기의 한쪽 끝을 한 점에 고정시킨 채 다른 막대기를 돌려 원을 그릴 수 있는 기구, 즉 양각기(컴퍼스)를 처음으로 만들 정도였지.

어느 날, 바닷가를 걷던 페르딕스는 백사장에 떨어진 물고기의 등뼈를 보고 영감을 얻어, 날카로운 쇠날에 삐죽삐죽한 이빨을 만들었지. 그렇게 해서 그는 물고기의 등뼈에서 톱을 발명했던 거야.

그러나 천재는 외로운 법. 이 뛰어난 조카를 질투한 다이달로스가 페르딕스를 속여 절벽에서 떠밀어버렸지. 불쌍한 페르딕스, 그러나 친절한 아테나 여신은 이 가련한 청년을 자고새로 변신시켰어. 그후, 높은 곳에서 떨어지는 것을 두려워하는 자고새는 항상 나즈막한 덤불에 둥지를 튼다지.

어릴 적, 누구나 한 번씩은 이런 꿈을 꿉니다.

새처럼 하늘을 훨훨 날 수 있다거나, 치타처럼 빨리 달릴 수 있다거나, 돌고래처럼 한 시간씩 물 속에서 숨을 참고 있다가 바다를 뚫고 솟아오르는 꿈.

초등학교 다닐 때 김동화 씨의 『곤충소년 땡삐』라는 인상적인 만화를 보았던 기억이 납니다. 괴짜 박사를 이웃으로 둔 땡삐라는 아이가 어느 날, 박사에게서 이상한 알약 몇 개를 얻습니다. 이 알약을 먹으면 곤충의 힘을 갖게 된다는 말과 함께. 자, 이제 땡삐의 일상은 변합니다. 예를 들어 개미 알약을 먹었다고 합시다. 개미는 자신의 몸무게의 50배 이상을 들 수 있기 때문에, 30Kg의 땡삐는 대략 1.5톤이나 되는 물건을 들어올릴 수 있게 되는 거죠.

마찬가지로 벼룩 알약을 먹으면 자기 키의 30배 이상의 높이뛰기를 할 수 있고, 잠자리 알약을 먹으면 전후, 좌우, 상하를 모두 볼 수

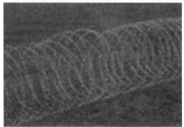

생체 모방의 일종인 벨크로 테이프와 철조망

있는 시력을 갖게 되는 거죠. 이렇게 줄거리는 허무맹랑했지만, 그 아이디어만은 반짝거려서 이후 현대 과학은 이에 대한 여러 가지 시도를 했습니다.

자연은 일종의 모범 교과서입니다. 진화는 어떤 의도를 가지고 일어나는 것은 아니지만, 결과적으로 보면 주변 환경에 잘 적응한 것만 살아남기 때문에 현재 살아 있는 주변의 생물들은 그 자체가 하나의 모델이 될 수 있습니다. 눈치빠른 이들은 일찌감치 이 사실을 알아차렸죠. 운동화나 스포츠 용품에 많이 쓰이는 '찍찍이(벨크로 테이프)'는 개의 털에 붙어서 떨어지지 않은 식물의 열매에서 아이디어를 얻어 만든 것입니다. 또한 철조망은 가시덤불 근처에는 가려고 하지 않는 양들을 본 어느 양치기의 발명품입니다.

예로부터 자연을 모방한 시도들은 꾸준히 있어왔는데, 현재 이 분야는 '생체 모방(biomimetics)'이라는 이름으로 생활과 과학의 여러 분야에서 본격적으로 두각을 나타내고 있습니다. 이제 과학자

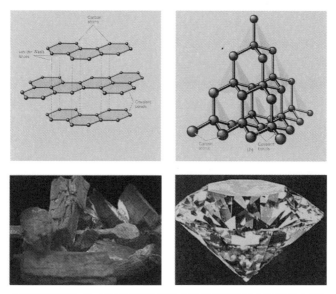

흑연과 다이아몬드는 둘 다 탄소가 주성분이지만, 흑연은 종이에 문질러서 글씨를 쓸 수 있을 정도로 연한데 비해, 다이아몬드는 지구상에 존재하는 천연물 중에서 가장 경도가 높은 물질로 깨지지 않는다.

들은 단순히 겉모습을 모방하는 데에서 벗어나 좀더 세부적인 것까지 배우려 하고, 또한 이들의 원리를 분석하여 다시 인간 세상에 접목시키려 하고 있지요.

개중에는 아주 흥미로운 것들도 많습니다. 전복 껍데기에서 탱크가 나왔다면 믿을 수 있겠습니까? 전복 껍데기를 구성하는 성분은 분필과 같은 탄화칼슘입니다. 그러나 분필은 조금만 힘을 주어도 쉽게 부서지고 가루가 날리는 반면, 전복 껍데기는 사람이 발로 밟아도 깨지지 않을 만큼 강하고 유연하죠. 도대체 이 차이[H]는 어디에서 오는 걸까요? 과학자들은 이 전복 껍데기의 구조를 분석하여, 외부의 충격으로 인한 스트레스에 굉장히 강하다는 것을 알아냈습니다.

이것은 다이아몬드와 흑연의 차이와 같습니다. 흑연과 다이아몬드는 둘 다 탄소가 주성분입니다만, 흑연은 종이에 문질러서 글씨를 쓸 수 있을 정도로 연한데 비해, 다이아몬드는 지구상에 존재하는 천연물 중에서 가장 경도가 높은 물질로 깨지지 않습니다. 둘의 차이점은 다이아몬드가 땅속 깊은 곳에서 엄청난 압력과 고온의 영향으로 분자 구조가 재배치되었기 때문이죠.

그들은 이러한 사실을 알아내는 데에만 그치지 않고 이를 응용하여 어지간한 포탄의 충격에는 끄떡도 없는 튼튼한 탱크의 외피를 만들었습니다.

이 밖에도 자연의 원리를 이용한 발명품들은 무궁무진합니다. 뱀이 가지고 있는 미묘한 온도 차이를 구분할 수 있는 센서를 모방해 불빛이 없어도 온도 변화를 통해 볼 수 있는 적외선 안경을 만들었는가 하면, 박테리아의 엄청난 번식력과 분해 능력을 이용해 폐유나 우라늄 찌꺼기를 분해하는 효소의 개발에도 박차를 가하고 있습니다. 그 밖에도 모방할 수 있는 자연의 가능성은 무궁무진합니다.

거미줄은 지름이 0.0003mm밖에 되지 않아 머리카락보다 훨씬 가는데도 같은 굵기의 강철에 비해 6배나 튼튼한, 지구상에서 가장 강한 물질 중 하나인데다가, 충격을 받으면 파괴되어버리는 금속과는 달리 충격을 흡수하는 능력도 매우 뛰어나 쉽게 파손되지 않습니다. 따라서 거미줄은 방탄복의 재료로 더할 나위 없이 좋습니다. 하지만, 자연 상태의 거미를 이용할 수는 없습니다. 누에와는 달리 거미의 실크는 지나치게 가늘고 또한 생산량도 적기 때문에, 거미 5천 마리가 죽을 때까지 거미줄을 내어도 겨우 방탄복 하나 만들 정도의 양밖에 나오지 않기 때문에 현실성이 없지요.

그냥 모방만 하면 안 될까?

톱상어의 소원

바로 이 부분에서 생체 모방 기술이 필요한 거죠. 거미 자체의 실크를 이용하는 것이 아니라, 거미 실크의 성분과 구조를 분석해서 그토록 강하고 질긴 특성을 그대로 반영할 수 있는 새로운 인공 섬유를 만들어내는 것이 바로 생체 모방 기술의 핵심입니다.

현재 캐나다의 넥시아 바이오테크놀러지는 거미의 실크 생산 유전자를 염소의 유방세포에 주입해 염소 젖 속에서 거미줄 구성 단백질을 추출하고 있습니다. 염소의 젖 속에 대량 함유된 거미 단백질을 가지고 만들어진 상품이 시장에 나올 날도 멀지 않은 거죠.

이제 자연계의 생물들은 단순한 이용 대상에서 벗어나 생물공학적으로 거듭나고 있습니다. 또한 단순히 생물체를 모방하는 바이오

미메틱스의 수준에서 생물체의 자연적 능력에 인간의 기술을 적용하는 '바이오하이브리드(biohybrids)' 단계로 차츰 옮겨가고 있습니다. 예를 들어, 파리는 공중에서 쏜살같이 방향을 바꾸거나 몸을 180도 회전하여 천장에 붙을 줄 알지만, 아직까지 인간이 만든 어떠한 비행기도 이렇게 세밀하고 정확하고 재빠르게 움직일 수는 없습니다. 귀찮게 늘어진 거미줄 역시 한 가닥이 같은 굵기의 강철보다 6배나 질기고 유연성도 좋지만, 인간이 만들어낸 섬유 중에서 이를 따라갈 만한 것은 없습니다. 아무리 성능이 좋은 레이더라도 곤충의 더듬이를 따라갈 수 없으며, 최신식 가스누출 경보기도 10km 밖에서도 암컷이 내뿜는 페로몬을 구별해내는 나방에 비하면 아직도 걸음마 단계에 있습니다.

한편으로 인간은 참 보잘것없는 존재라는 생각이 들기도 합니다. 만물의 영장이라고 자부하는 인간이 하찮은 파리나 나방도 하는 일을 흉내조차 낼 수 없다니. 하지만 인간은 '한 분야의 특출한 우수성' 대신 '전 분야를 학습할 수 있는 능력'과 '다양한 반응에 대응하는 가능성'을 지니고 태어났습니다.

자연은 좋은 선생이자 학습장입니다. 또한 인간이 자연에게서 아이디어를 얻어 자연을 변화시키는 능력은 자연이라는 하나의 존재(가이아라고 할까요?-제임스 러브록의 '가이아 가설'에서 인용)가 인간이라는 생물체에게 진화의 가속을 담당하는 기능을 주었기 때문에 가능한 것이 아닌지. 그렇게 해서 자연은 스스로의 모습을 변모시키고, 더 진화된 모습으로 가는 시간을 단축시키는 건 아닐까요?

관련 사이트

생체 모방 http://www.rdg.ac.uk/Biomim/home.htm

거미줄 섬유 http://bric.postech.ac.kr/bbs/trend/0201/020122-9.html

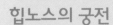

힙노스는 꿈의 신들과 함께 누워 죽음 같은 잠을 잤다.

킴메리아인들이 사는 나라 가까이에 있는 깊은 계곡에 동굴이 하나 있었어. 이 동굴이 바로 잠의 신 힙노스의 은신처인 궁전이었지. 여기에는 햇빛도 비치지 않았고, 늘 안개에 싸여 있어서 어두컴컴했어. 새벽을 알리는 닭도 없었고, 고요를 깨뜨리는 개나 그보다 더 귀가 밝은 거위 같은 것도 없었으며, 오로지 침묵과 고요가 있을 뿐이었지.

이 동굴 밑으로는 레테의 강이 소리없이 흘러가고 있었어. 레테의 강은 망각의 강으로, 망자(亡者)들은 여기서 이 강물을 마시고 전생의 기억을 잊고 새로이 태어날 준비를 했어. 강줄기 옆에는 양귀비를 비롯한 수많은 약초가 자라고 있었는데, 잠의 신은 이런 약초에서 즙을 뽑아 세상에 뿌려 산 것들을 잠재우는 데 썼대.

동굴 한가운데에 놓여 있는 흑단 침대 위에는 깃털보다 보드라운 보료가 깔려 있었는데, 이곳이 바로 잠의 신 힙노스의 잠자리였어. 힙노스의 주변에는 수많은 꿈의 신들이 누워 있었어. 꿈의 신들은, 벌판에서 거둔 옥수수, 숲의 나뭇잎 혹은 해변의 모래알만큼이나 그 수효가 많았다지.

예전에 캐나다에서 13개월 된 아기가 영하 20도의 날씨에 기저귀만 찬 채 나갔다가 10시간 만에 발견된 일이 있었습니다. 이 가엾은 아기는 자신이 잠들어 엄마가 잠깐 옆집에 간 사이, 잠에서 깨어 엄마를 찾기 위해 밖으로 기어 나왔다가 눈에 파묻혀버린 것이었습니다.

혼비백산한 엄마의 신고로 구조대가 출동해 10시간 만에 찾아낸 아기는 눈더미 속에 파묻혀 꽁꽁 얼어붙어 있어서 이미 죽은 것과 마찬가지인 상태였습니다. 아기를 급히 병원으로 옮기긴 했지만, 그 누구도 살아날 것이라고 생각하지 않았습니다.

그러나, 병원에 도착한 아기는 의료진들이 언 몸을 녹여주자 기적처럼 다시 살아났습니다. 이 기적의 아기는 손과 발에 동상을 입은 것 외에는 죽었다 살아난 사람 치고는 아주 활발하게 움직였다고 해요.

이 아기가 살아난 것은 단지 '믿거나 말거나' 류의 해외토픽감일 뿐 아니라, 과학사적으로 매우 중요한 의미가 있습니다. 영화 〈데몰

리션 맨〉에서는 범죄자를 냉동시켜 그 사이 착한 인간으로 개조하는 세뇌 프로그램을 작동시키며, 〈A.I.〉의 로봇 데이비드는 자식이 병이 들어 냉동시켜 둔 부부에게 입양되어 갑니다.

이미 냉동인간 이야기는 SF 소설이나 영화에서는 낯선 주제가 아니며, 실제 현실에서는 인간의 난자와 정자, 수정된 배아[H]까지는 냉동에 성공하였습니다. 이제, 죽음이 두려운 사람들은 생식 세포 뿐만 아니라, 스스로 영생을 얻기 위해 냉동인간(corpsicle)을 꿈꾸게 되었습니다. 이것은 요즘 각광 받고 있는 '저온 생물학(cryobiology)'의 힘을 빌어 점점 현실화되고 있습니다. 저온 생물학의 범위는 현재 저온 보존, 저체온 수술, 인공 동면 등을 기본 가닥으로 하여 연구되고 있는데, 저온 보존(생식 세포나 수정란의 저온 보존)과 저체온 수술[HH]은 현재 시도되고 있지만, 인공 동면은 아직은 시험 단계에 있습니다.

실제로 겨울잠을 자는 동물들의 경우에는 체온을 거의 빙점에 가까운 3도까지 떨어뜨려서 여러 달을 생존하는 경우가 있기 때문에 아주 불가능하지만

생식세포나 수정란 냉동 기술은 불임 부부를 위한 시험관 아기 시술이나 방사선 치료 등으로 생식세포가 파괴될 위험을 가진 사람에게 정상적인 자녀를 선물하기 위해 생겨난 기술입니다. 특히 후자의 경우, 방사선 치료 이전에 젊고 튼튼한 난자, 정자, 수정란을 얼려두었다가 치료를 받은 이후 방사선에 손상되지 않은 생식세포와 수정란으로 건강한 아기를 낳을 수 있게 해 줍니다. 유명한 팝가수인 셀린느 뒤옹도 이런 방식으로 암투병중인 남편의 아이를 낳았다고 해요.

저체온 수술. 수술시 인공적으로 환자의 체온을 떨어뜨린 후 수술하는 것으로 체온을 18도까지 떨어뜨리면 피의 흐름이 멎어서 출혈 없는 수술이 가능하다고 합니다. 이 방법을 사용하면 출혈이 적어서 환자의 회복이 빠르며 혈관계와 뇌손상도 줄일 수 있다는 보고가 있습니다.

은 않다고 여기고 있지요. 사람들이 이 인공 동면 기술을 이용한 냉동인간에 주목하는 이유는, 현세에서 고칠 수 없는 불치의 병일지라도 미래에 기술이 진보하면 고칠 수 있으리라는 희망 때문입니다. 삶의 지속을 원하는 사람들은 자신들이 더 오래 살 수 있는 기술이 발명될 그날까지 자신의 생명을 연장시키기를 간절히 바랍니다. 설사 자신의 몸을 꽁꽁 얼려서 탱크 속에 집어넣더라도 말이죠.

얼렸다가 녹인 생명체가 과연 다시 살아날까요?

의외로 이 실험은 간단하게 할 수 있습니다. 플라스틱통에 액체질소를 준비하고 금붕어 한 마리를 여기에 넣은 뒤 1분쯤 지나 다시 꺼냅니다. 이때 금붕어를 매우 조심스럽게 다루어야 합니다. 액체질소는 아주 차갑기(영하 197도) 때문에 조직이 모두 얼어붙어 실수로 바닥에 떨어뜨리기라도 한다면 금붕어가 산산조각나는(!) 기이한 현상도 목격할 수 있거든요. 어쨌든 이렇게 꺼낸 금붕어는 하얗게 얼어 있어서 냉장고에 들어 있는 동태와 다를 바 없어 보입니다. 그러나, 이 냉동 금붕어를 미지근한 물에 다시 넣어주면 잠시 후 꼬리지느러미를 흔들며 물 속에서 헤엄치는 모습을 볼 수 있습니다.

사람들은 이 기법을 인간에게 적용하고 싶어합니다. 그래서 사람들은 냉동인간을 공상과학소설에만 등장하는 허무맹랑한 이야기에서 현실로 옮겨왔습니다. 현재, 미국 애리조나에서는 인간 냉동 주식회사 '알코어 생명 연장 재단(ALCOR life extension foundation, 웹사이트 www.alcor.org)'이 영업중이며, 1967년, 신장암 판정을 받고 스스로 냉동 인간이 되기로 자청했던 배드퍼드 박사를 필두로 현

재 수십 명의 사람들이 캡슐에 냉동된 채, 자신의 수명을 연장시켜
줄 미래를 꿈꾸며 잠들어 있거든요.

　그렇다면 냉동인간은 어떻게 만들까요?

　앞의 금붕어와 비슷한 방법을 사용하지만, 그렇다고 사람을 갑자
기 액체 질소에 담그지는 않습니다. 우선 사람이 죽기 직전 심장에
항응고제를 주입시켜 뽑아낸 피가 응고하는 것을 미리 막아둔 뒤에,
영하 72도의 냉동장치에 사람을 넣고 전신에서 혈액을 모두 뽑아낸
후에 대신 세포에 손상을 주지 않는 냉동생명 보존액(인간의 혈액과
비슷한 성분을 지닌 일종의 부동액(不凍液)이랍니다)으로 갈아줍니다.
사람을 그대로 냉동시키면 체액이 얼게 되는데, 이때 생성되는 얼음
결정이 세포를 파괴하기 때문에 부동액으로 체액 교환을 하는 것은
매우 중요합니다. 이렇게 체액 교환이 끝나면 액체 질소에 넣어 급

속 냉동시켜 교환해준 체액이 결정화되는 것을 막고 이후 계속해서 이 액체 질소 탱크에서 보존하는 것이지요.

해동의 과정은 위의 과정을 거꾸로 되풀이하는 겁니다. 해동할 때에는 인간을 액체질소 탱크에서 녹인 후, 부동액을 체액으로 바꾸어주고 전기 충격 등으로 심장을 소생시키면 되는 거죠. 그러나, 아직까지 실제로 해동된 사람은 없습니다. 즉, 액체질소 탱크 속에서 영생을 꿈꾸며 잠든 사람은 있지만, 실제로 깨어나 현세로 되돌아온 사람은 없는 것이죠.

아직 냉동인간의 원래 목적인 불치병의 치료가 가능하지 않은 것도 이유지만, 무엇보다도 이들의 해동이 유보되는 것은 과연 이들이 해동되었을 때 정상적으로 살아날 수 있을지에 대한 확신이 없기 때문입니다. 아직, 생체 냉동과 해동에 대한 신비가 완전히 벗겨진 것이 아니어서 냉동 인간이 무사히 살아날 수 있을지에 대해서는 아직 아무도 자신할 수가 없는 것이죠. 앞에서 언급한 아기는 비록 인공적인 것은 아니었지만 눈 속에 파묻힌 채 10시간을 지내고도 살아남음으로써, 사람이 냉동되었다 해동되더라도 무사히 살아갈 수 있을 거라는 가능성을 온몸으로 보여주었던 거죠.

현재 냉동인간 기술은 만만치 않은 유지비용[H]과 생명체에게 죽음이란, 노쇠한 세대가 젊은 세대를 위해 한정된 공간과 자원을 넘겨주는 교대 행위라는 자연 순리

질소는 실온에서는 기체로 존재하기 때문에 가만히 놓아두면 액체질소는 모두 기화해서 날아가 버립니다. 따라서, 이것이 빠져나가지 못하도록 가두는 탱크는 굉장한 압력을 견뎌야 하기 때문에 매우 비싸며 그럼에도 불구하고 액체질소는 조금씩 손실되므로 때맞춰 탱크에 보충해주어야 합니다. 알코어 사의 경우, 냉동 유지 비용은 수십만 달러에 이르는 것으로 알려져 있습니다.

적인 관점으로 인해 활성화되지는 않지만, 앞으로 더욱더 기술이 발달해서 냉동과 해동에 대한 비밀이 모두 밝혀지고, 자신이 죽기에는 너무 아깝다고 생각하는 사람들이 늘어난다면 냉동인간에 대한 열망은 더욱 커질 것입니다. 그러나 아직은 아무것도 장담할 수 없습니다. 그들이 과연 제대로 소생할 수 있는지, 소생이 가능하더라도 과연 냉동되기 전까지의 지능과 기억을 유지할 수 있는지, 그리고 문화적, 사회적 충격을 감당해낼 수 있는지. 왕자의 키스로 1백 년 동안의 잠에서 깨어난 공주는 과연 그 시간이 가져다 주는 사회적 발전에 적응할 수 있었을지 궁금합니다.

학자들조차 냉동인간을 단순히 소생시키는 것은 가능할지 모르지만, 기억과 지능의 문제에 대해서는 확신하지 못하고 있습니다. 초저온 냉동과 급속한 해동이라는 엄청난 물리적인 변화가 뇌의 징교하고 민감한 네트워크와 프로세스에 어떤 영향을 미칠지 아무도 모르니까요. 따라서 혹자들은 나노기술이 발달하여 나노로봇^(H)이 발명되어야 가능하다고 생각하고 있기도 합니다.

> 분자 수준의 기계로 만약 이것이 현실화된다면 이 로봇을 체내에 주사하여 다른 곳에는 영향을 주지 않고 질병이 있는 특정 부위만을 복구시킬 수 있을 것이라 믿고 있지요.

그렇다고 해서 냉동인간의 시도가 어리석은 인간들의 욕심으로 치부되어서는 안 된다고 생각합니다. 알 수 없다고 해서 전혀 시도를 하지 않는다면 결국에는 영원히 알 수가 없으니까요. 과학은 언제나 앞으로 나아가는 것이고, 때로는 앞장서 가보기 전에는 한치 앞도 알 수 없는 것입니다. 심사숙

고해서 조심스레 한발짝 내딛어서 속도가 늦어질 수는 있지만 그대로 그 자리에서 주저앉게 하거나 못 가게 막아서는 안 되겠죠.

  과학은 소를 닮을 것, 느리지만 꾸준히 그리고 앞을 향해서 나아갈 것.

 관련 사이트

저온생물학 http://my.dreamwiz.com/korean93/information/data/insik12.htm
       http://www.societyforcryobiology.org
알코어 생명재단 http://www.alcor.org
나노테크놀러지 http://www.nanozine.com

하리하라의
생물학 카페

1판 1쇄 펴냄 2002년 7월 15일
1판 86쇄 펴냄 2024년 3월 20일

지은이 이은희

주간 김현숙 | **편집** 김주희, 이나연
디자인 이현정, 전미혜
마케팅 백국현(제작), 문윤기 | **관리** 오유나

펴낸곳 궁리출판 | **펴낸이** 이갑수

등록 1999년 3월 29일 제300-2004-162호
주소 10881 경기도 파주시 회동길 325-12
전화 031-955-9818 | **팩스** 031-955-9848
홈페이지 www.kungree.com | **전자우편** kungree@kungree.com
페이스북 /kungreepress | **트위터** @kungreepress
인스타그램 /kungree_press

ⓒ 이은희, 2002.

ISBN 978-89-88804-67-4   03400

머언 옛날, 단순한 분열만으로도 개체를 늘리고 번식을 하던 간단한 방식을 버리고 몇몇 생물들이 유전자를 반으로 나누어 서로 절반씩을 섞어야 번식할 수 있는 복잡한 시스템을 선택하기 시작했습니다. 솟구치는 번식의 욕구를 충족시키기 위해 끊임없이 제 짝을 찾아 헤매야 하는 고생의 나날이 시작되었지만, 그로 인해 개체는 오히려 폭발적으로 그리고 다양하게 번식을 기듭해서 결국 지구를 기득 메우게 되었습니다. 분열을 버리고 성을 선택한 뒤, 이전 개체에게는 없었던 '죽음'이라는 업보를 짊어지게 되었지만, 그 대가로 생명체는 훨씬 더 다양하고 훨씬 더 환경에 잘 적응하는 개체로 진화할 수 있었던 것입니다.